Christine Kopp / Marion Weigl

Zahlen begreifen

Kopiervorlagen für die 1. Jahrgangsstufe

Auer Verlag GmbH

Gedruckt auf umweltbewusst gefertigtem, chlorfrei gebleichtem
und alterungsbeständigem Papier.

1. Auflage. 2004
Nach der Neuregelung der deutschen Rechtschreibung

Illustration: Gisela Kopp, Marion Weigl
Satz: Fotosatz H. Buck, Kumhausen
Druck und Bindung: Ludwig Auer GmbH, Donauwörth
ISBN 3-403-0**3754**-1

Inhalt

Vorwort 5
Das bedeuten die Symbole! 6
Formen 7
Links oder rechts? 8
Rechts – links, oben – mitten – unten 9
Anzahlen erfassen „Zoo“ 10
Die Zahl 1 11
Die Zahl 2 12
Die Zahl 3 13
Die Zahlen 1, 2 und 3 14
Zählen bis 3 15
Die Zahl 4 16
Bündeln 17
Die Zahlen 1, 2, 3 und 4 18
Zerlegen bis 4 19
Die Zahl 5 20
Die Zahlen bis 5 21
Zerlegen bis 5 22
Die Zahl 0 . . . . 23/24
Schütteln und Zerlegen 25
Schüttelboxen 26
Lernzielkontrolle (Anzahl, Zerlegung, Zahlenfolge) 27/28
Die Zahl 6 29
Die Zahlen bis 6 30
Zerlegen bis 6 31
Wiederholung 1 bis 6 – Wie viele Hasen sind es? 32
Die Zahl 7 33
Zählen und Zerlegen bis 7 34
Die Zahl 8 35
Zählen und Zerlegen bis 8 36
Die Zahl 9 37
Zählen und Zerlegen bis 9 38
Die Zahl 10 39
Zerlegen bis 10 40
Lernzielkontrolle (Anzahl, Zerlegung) 41/42
... ist größer als 43
... ist kleiner als 44
... ist gleich 45
Größer als – kleiner als – gleich? . 46/47
Lernzielkontrolle (> < =, Zerlegung) 48/49
Ordnungszahlen 50
Vorgänger, Nachfolger 51
Plus ⊕ 52
Zusammenzählen 53
Plusaufgaben 54
Lernzielkontrolle (+, > < =, Zerlegung) 55/56
Tauschaufgaben 57
Mit Tauschaufgaben geht es leichter 58
Minus ⊖ 59
Abziehen 60
Minusaufgaben 61
Lernzielkontrolle (+/–, Tauschaufgaben, > < x =) 62/63
Rechnen bis 10 64
Rechnen bis 10, kein Problem . . . 65
Für echte Rechenmäuse 66
Im Rechenurwald 67
Plus und minus bis 10 68
Lernzielkontrolle (+, –, > < =, ergänzen) 69/70
Für echte Rechenprofis 71
Rechne dich fit! 72
Das schaffst du auch noch! 73
Lernzielkontrolle (+, –, > < =) 74/75
Verdoppeln und Halbieren 76

Die Hälfte, das Doppelte 77
Rechnen am Zahlenstrahl (+) 78
Rechnen am Zahlenstrahl (−) 79
Umkehraufgaben 80
Aufgabe und Umkehraufgabe 81
Rechnen mit Platzhaltern 82
Tausch- und Umkehraufgaben ... 83
Lernzielkontrolle (+, –, Umkehr- und Tauschaufgaben) 84/85
Rechenmaschinen 86
Rechenzirkus 87
Rechendschungel 88
Weiter durch den Rechendschungel 89
Kannst du das nun? 90
Lernzielkontrolle (+, –, Platzhalter, > < =) 91/92
Rechengeschichten 93
Lesen, denken, rechnen 94
Noch mehr Rechengeschichten .. 95
Köpfchen, Köpfchen 96
Wer wird Rechenkönig? 97
Kopfrechnenpass 98/99
Urkunden „Rechenkönig“ 100/101
Zahlenplakate für das Klassenzimmer 102–111

Vorwort

Beim Eintritt in die Schule können viele Kinder bereits Zählen, verfügen aber häufig noch nicht über ein tieferes Zahlenverständnis und entsprechende Größenvorstellungen. So ist trotz des Vorwissens der Erstklässler ein strukturiertes, sukzessives Vorgehen notwendig.

Diese praxiserprobten Kopiervorlagen wollen auf motivierende Weise den Zahlenraum bis 10 schrittweise aufbauen. Sie sind als Ergänzung zu Schulbüchern und Arbeitsheften gedacht und lassen sich im gebundenen und offenen Unterricht, als Hausaufgabe sowie zur Differenzierung einsetzen. Die Kinder lernen die korrekte Schreibung der Ziffern und bauen auf vielfältige Art und Weise einen Zahlbegriff auf. Begleitet werden sie dabei von der Leitfigur Lilli, die durch den Lehrgang führt, Aufgaben erklärt, Spieltipps gibt oder einfach zum Rechnen anregt.

Die verschiedenen Tiere helfen den Kindern sich Form und Bewegungsablauf der Ziffern leichter einzuprägen.

Lupen- und Königsaufgaben bieten zusätzliche Rechnungen und erhöhtes Anforderungsniveau.

Ergänzt werden die Arbeitsblätter durch Plakate für das Klassenzimmer, Kopfrechenmaterial und eine Rechenkönigurkunde.

Aus drucktechnischen Gründen sind die Seitenränder sehr breit.
Deshalb unser Tipp: Die Arbeitsblätter mit 106 % vergrößern.

Liebe Kolleginnen und Kollegen,
wir hoffen, dass unser Werk Ihre tägliche Unterrichtsvorbereitung erleichtert und Sie viel Freude damit haben.

Christine Kopp und Marion Weigl

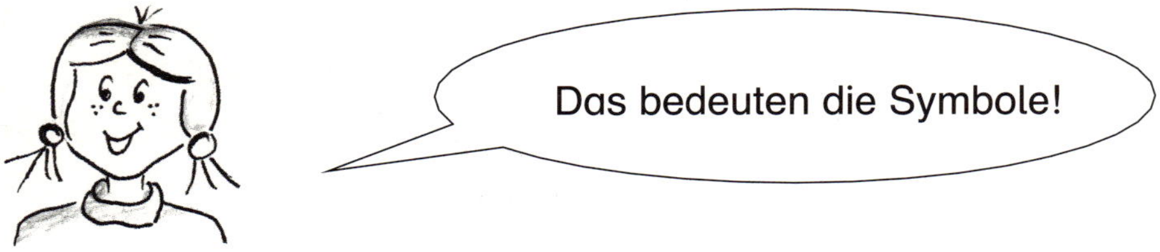

Schreibe mit einem Bleistift!

Male mit einem Buntstift!

Hier findest du Spielvorschläge.
Probiere sie in der Schule oder zu Hause aus!

Sprich beim Schreiben der
Zahlen den Spruch laut mit!

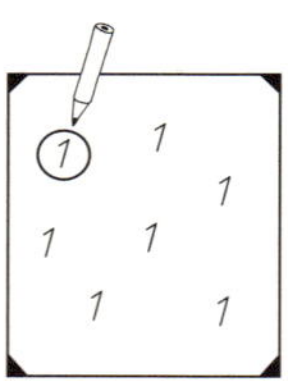

Kreise alle richtigen Zahlen ein!

Male eine Krone über deine schönste Zahl! 

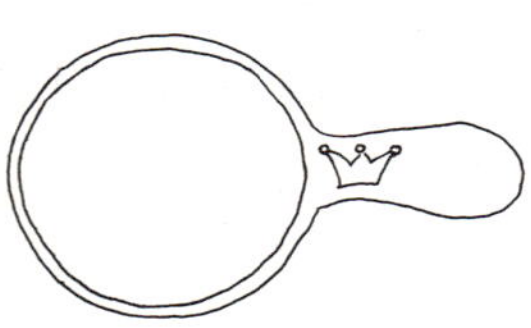

Für Schnelle und Fleißige:
Lies die Aufgaben mit einer Lupe!
Rechne sie auf den Block oder in das Heft!

Für Schnelle und Fleißige:
Löse auch noch die Knobelaufgaben!

Name: ______________________	1. Klasse	Mathematik

Formen

1 Beschreibe die Figuren!

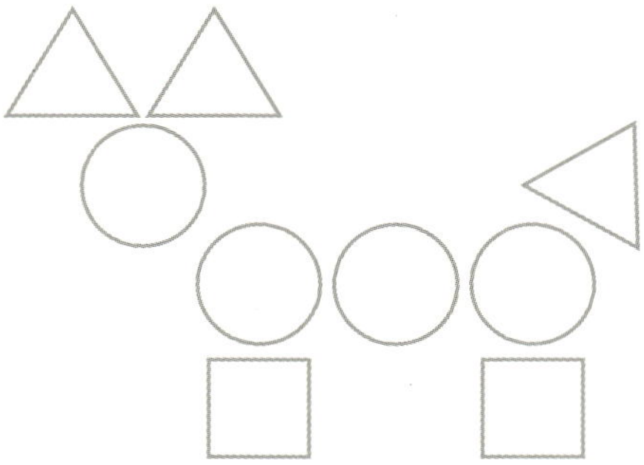

Wie oft findest du △ □ ○ ?

△	|||
□	
○	

△	
□	
○	

2 Verbinde die Formen richtig!

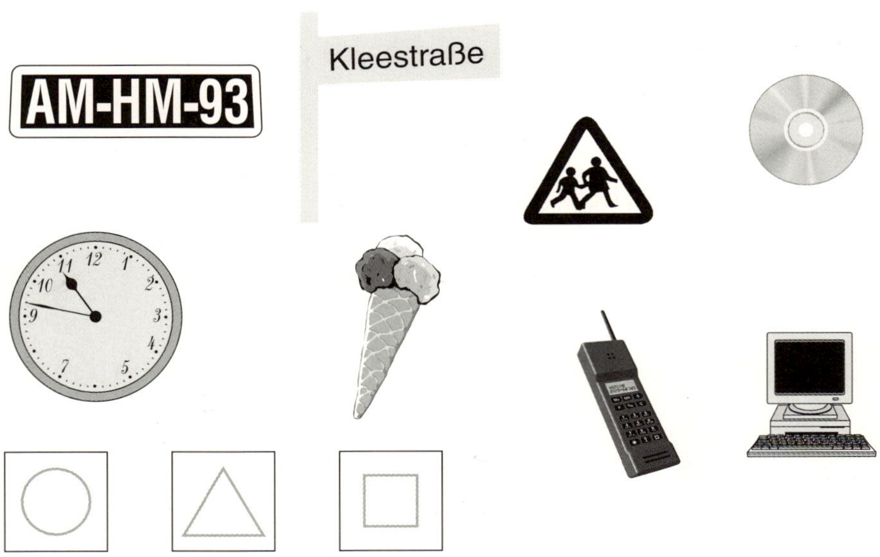

Spieltipp:

Male Formen auf deinen Block!
Zeige die Reihe kurz deinem Partner!
Decke sie ab! Schafft es dein Partner, die gleiche Reihe zu zeichnen?

△		
○		
□		
□		
△		

Noch schwieriger ist es farbig!

Name:	1. Klasse	Mathematik

Links oder rechts?

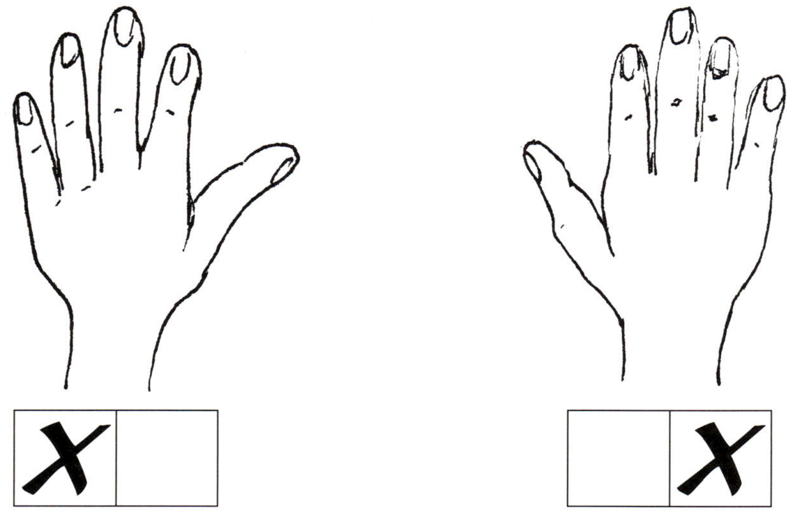

Kreuze an!

Wer läuft nach links ☒☐ ?

Wer läuft nach rechts ☐☒ ?

Name: ______________________	1. Klasse	Mathematik

Rechts – links, oben – mitten – unten

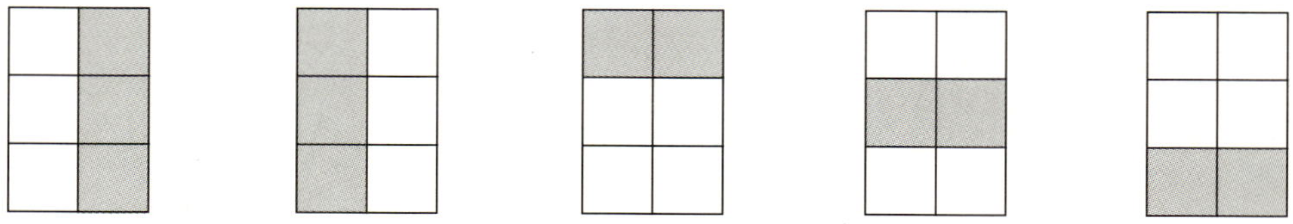

Wo sind die Tiere? Kreuze an!

Welche Tiere sind es? Male!

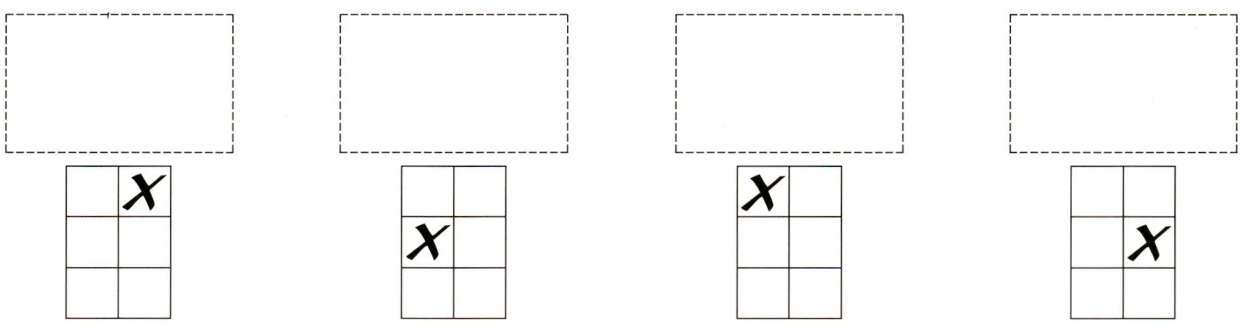

Name: ______________________	1. Klasse	Mathematik

Name: ______________________________	1. Klasse	Mathematik

Hoch zur Spitze und hinunter

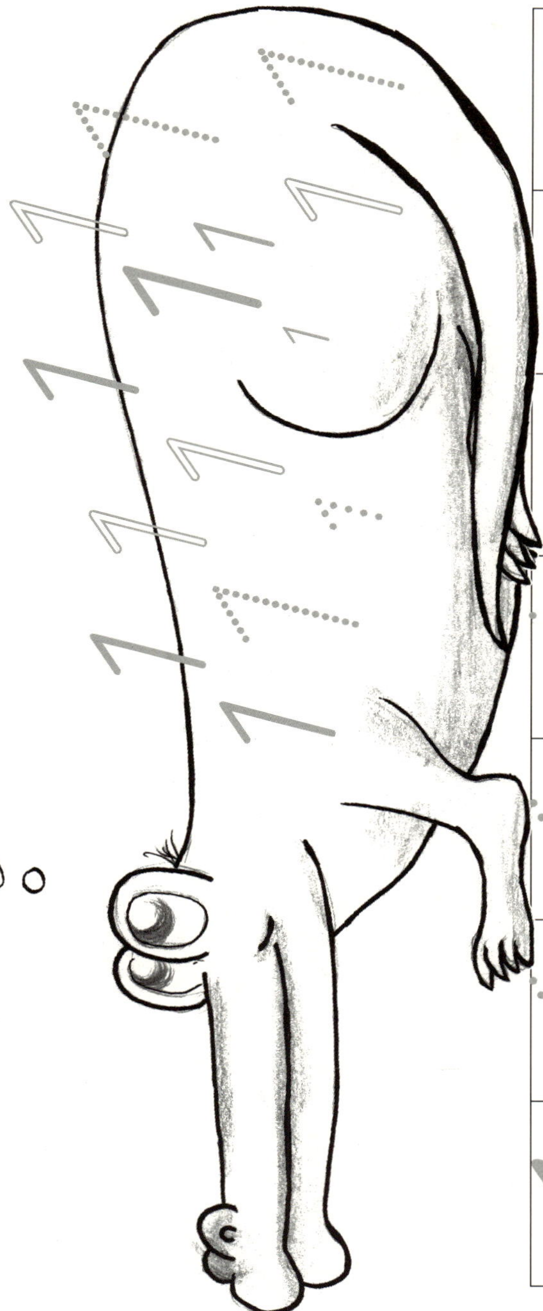

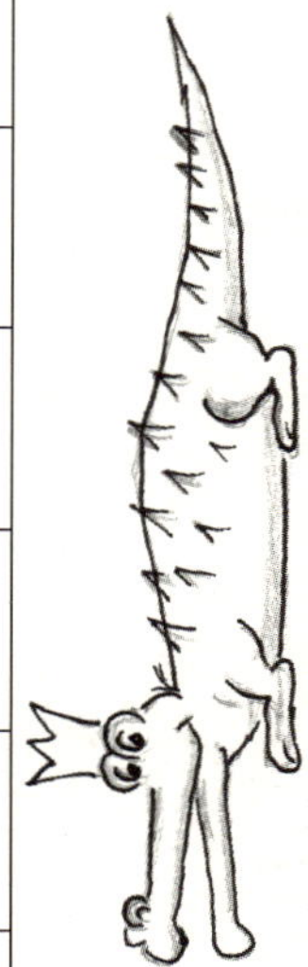

Male über deine schönste Zahl eine Krone!

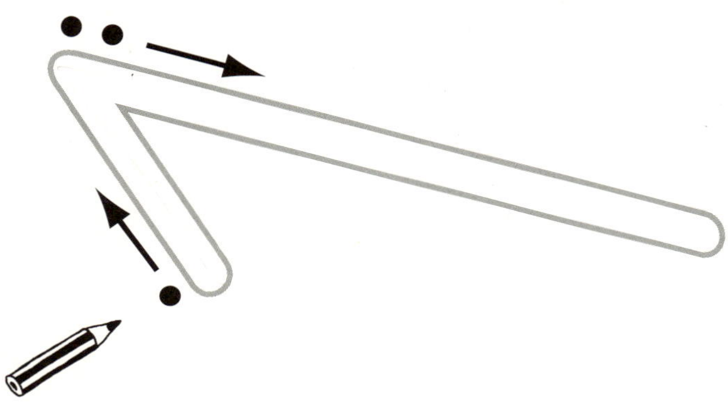

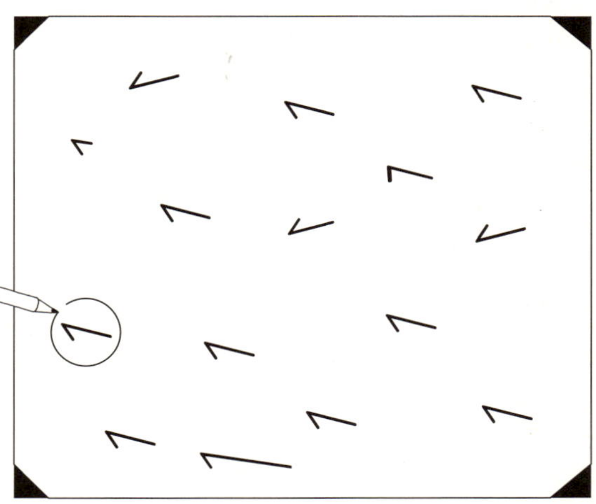

Name: ______________________________	1. Klasse	Mathematik

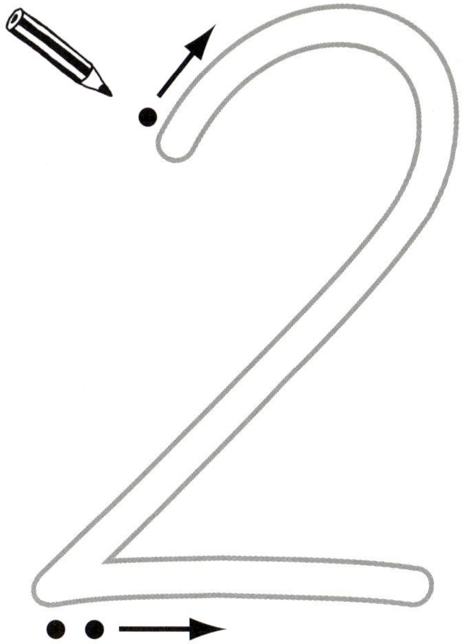

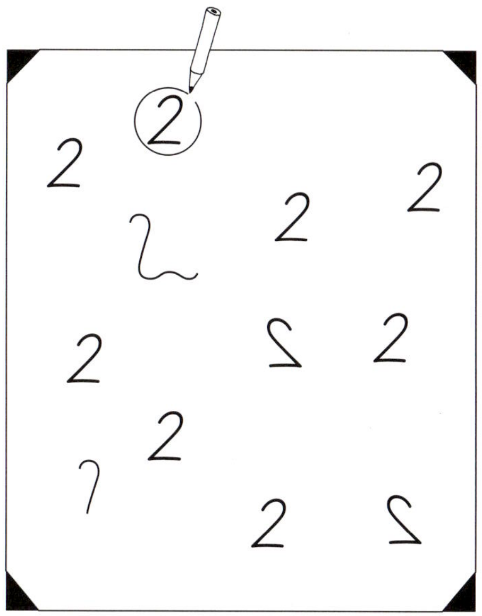

Welche Zahl bekommt die  ?

Name: ______________________________	1. Klasse	Mathematik

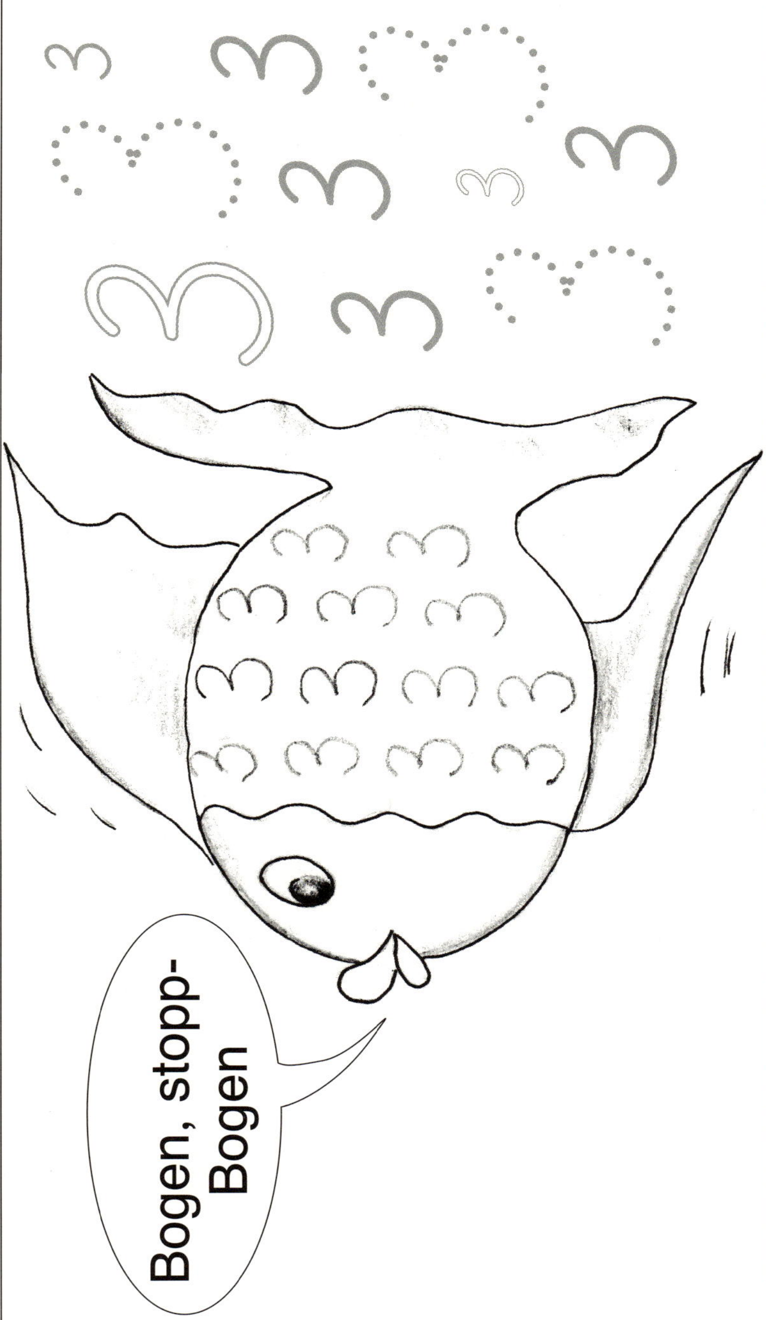

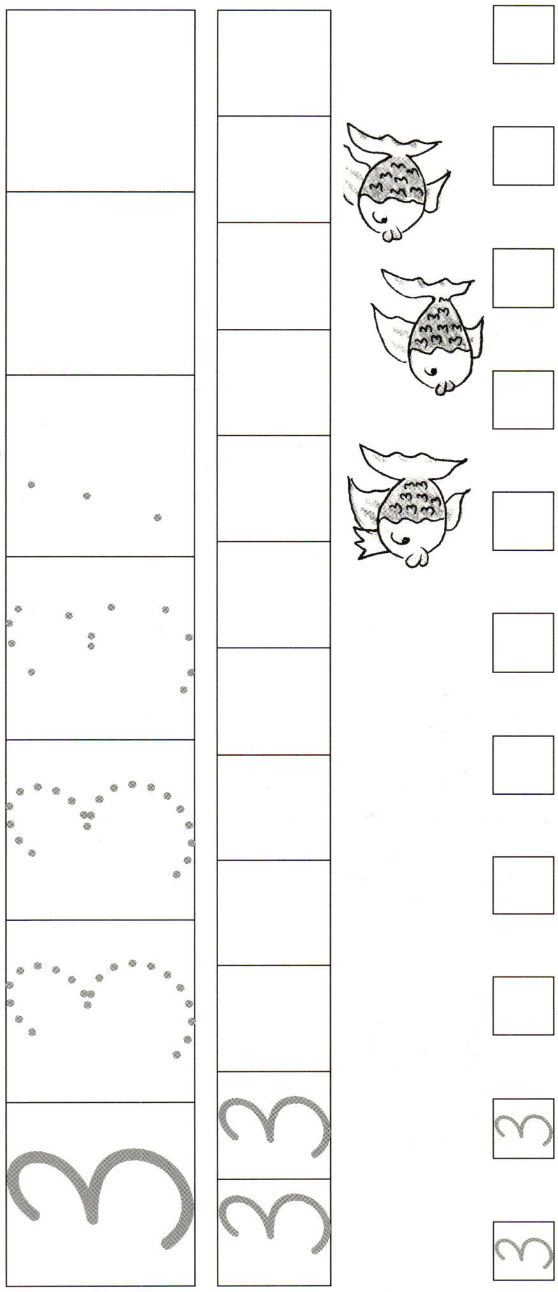

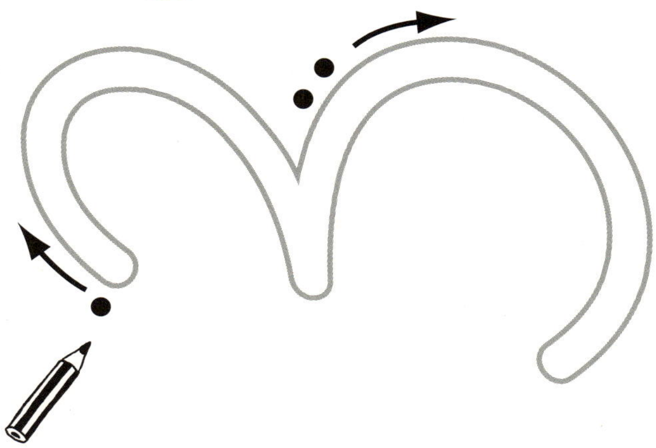

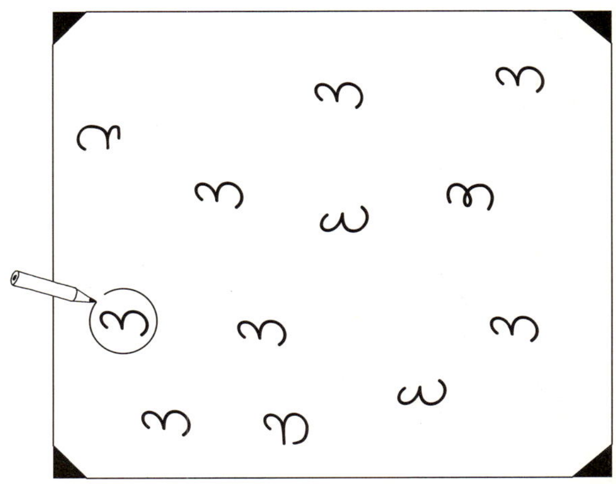

Name: ______________________	1. Klasse	Mathematik

Die Zahlen 1, 2 und 3

❶

•　　••　　•••

1　　2　　3

❷ Fange immer 2 Fische!

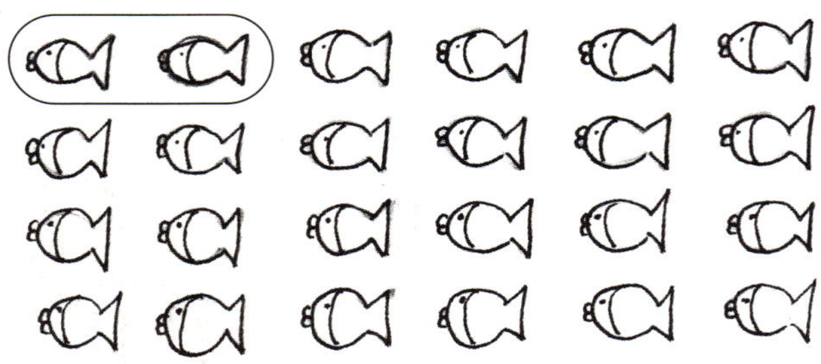

❸ Fange immer 3 Fische!

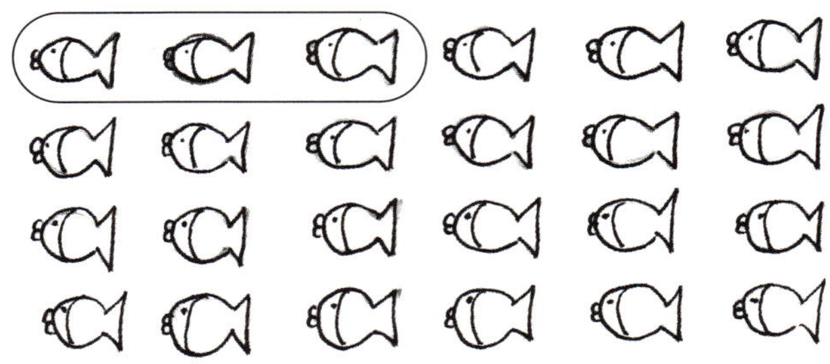

❹ Ergänze!

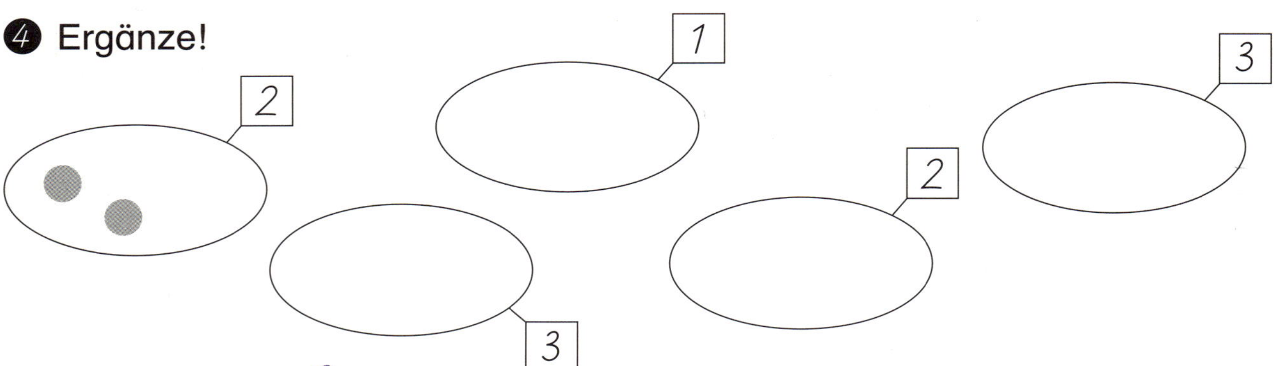

❺ Wer geht auf zwei Beinen? Kreise ein!

Name: ______________________	1. Klasse	Mathematik

Zählen bis 3

❶

❷

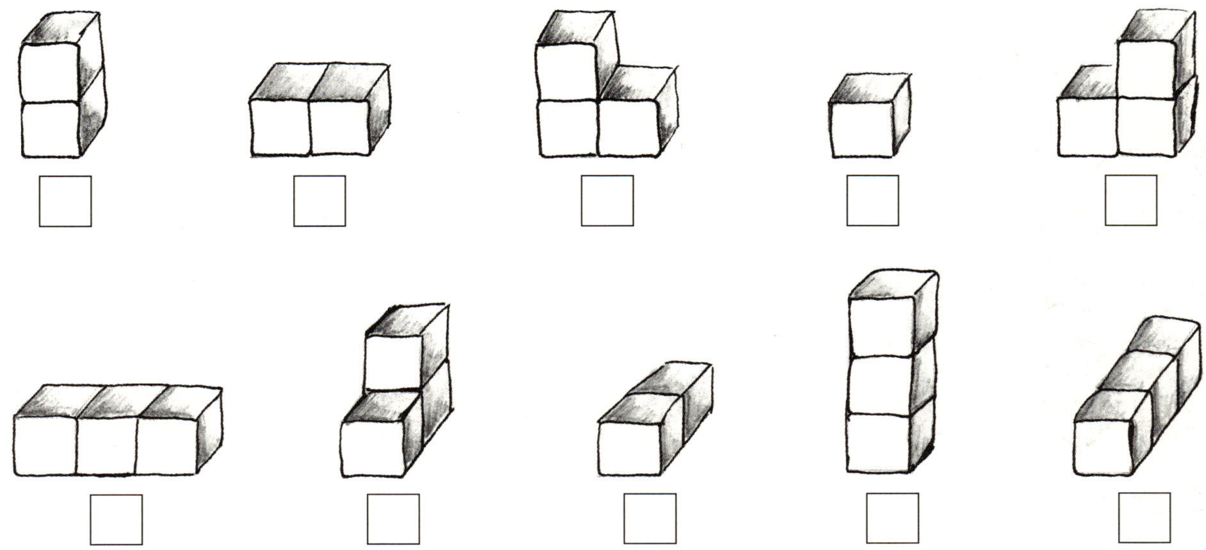

❸ Ergänze!

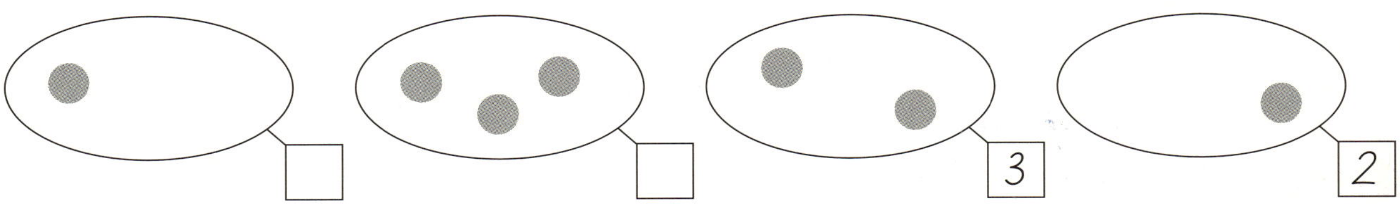

❹

Name: ______________________	1. Klasse	Mathematik

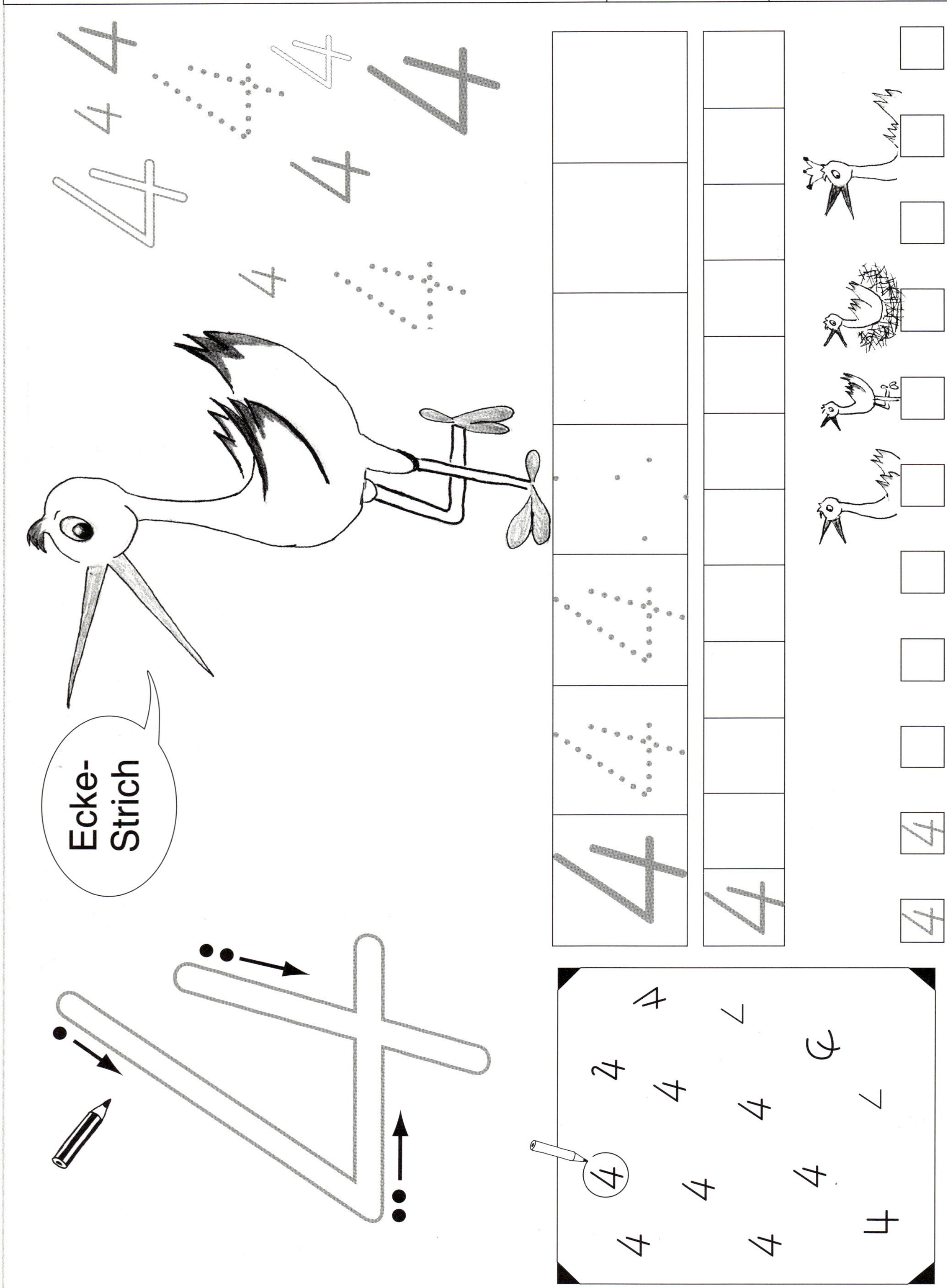

Name: ______________________________	1. Klasse	Mathematik

Bündeln

2

3

4

3

4

Name: ____________________	1. Klasse	Mathematik

Die Zahlen 1, 2, 3 und 4

❶

❷ Ergänze!

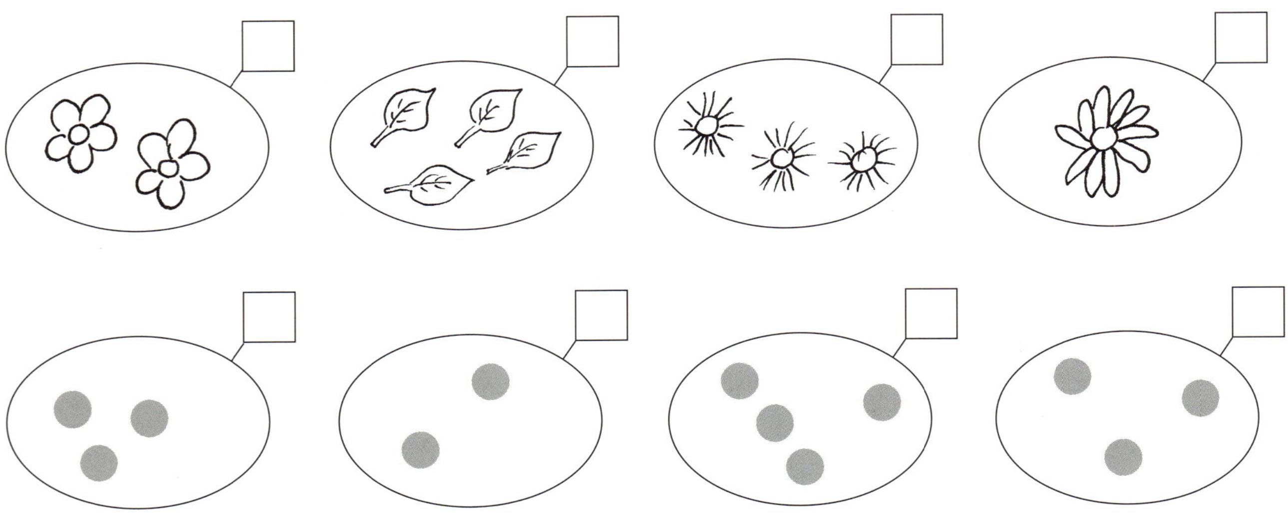

❸ Trage die richtigen Zahlen ein!

Name: ____________________	1. Klasse	Mathematik

Zerlegen bis 4

1

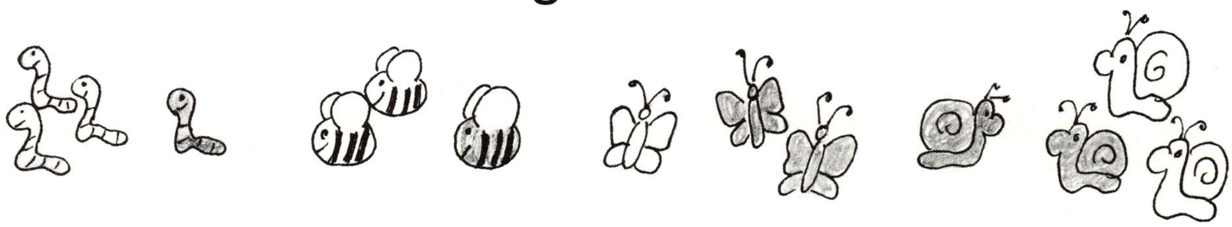

□ + □   □ + □   □ + □   □ + □

2

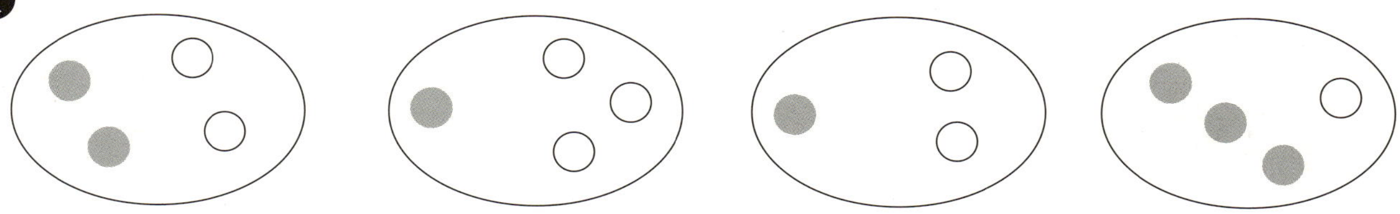

□ + □   □ + □   □ + □   □ + □

3

3	□	3	□
2 + 1	1 + 3	2 + □	□ + 2

4

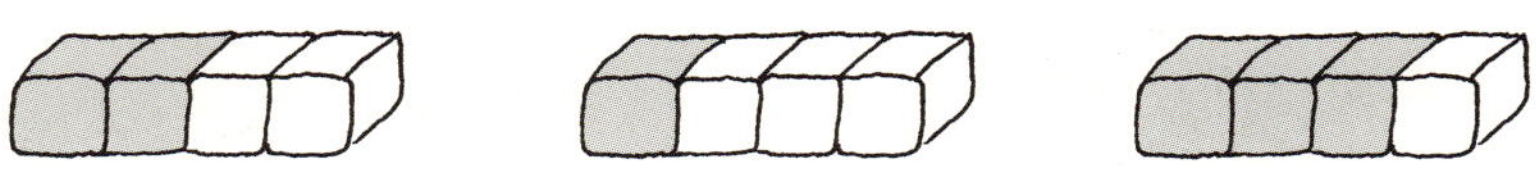

4	□	□
□ + □	□ + □	□ + □

Spieltipp:

Wann hast du zum letzten Mal Quartett gespielt? Immer 4 Karten gehören zusammen!

Name: ______________________ | 1. Klasse | Mathematik

Name: ______________________	1. Klasse	Mathematik

Die Zahlen bis 5

❶

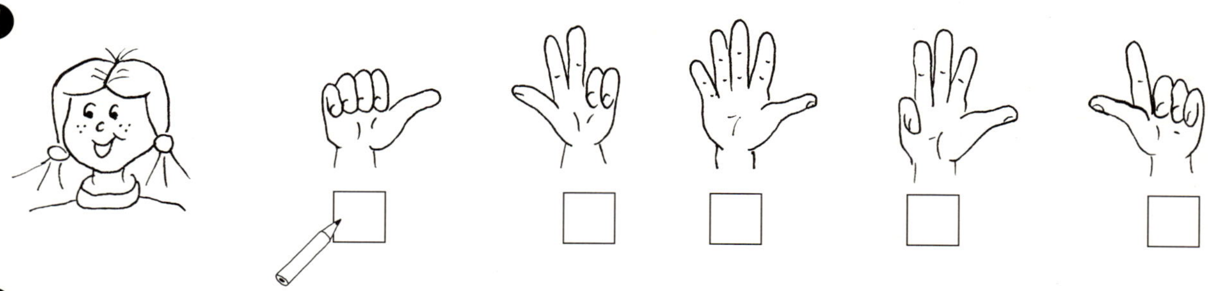

❷

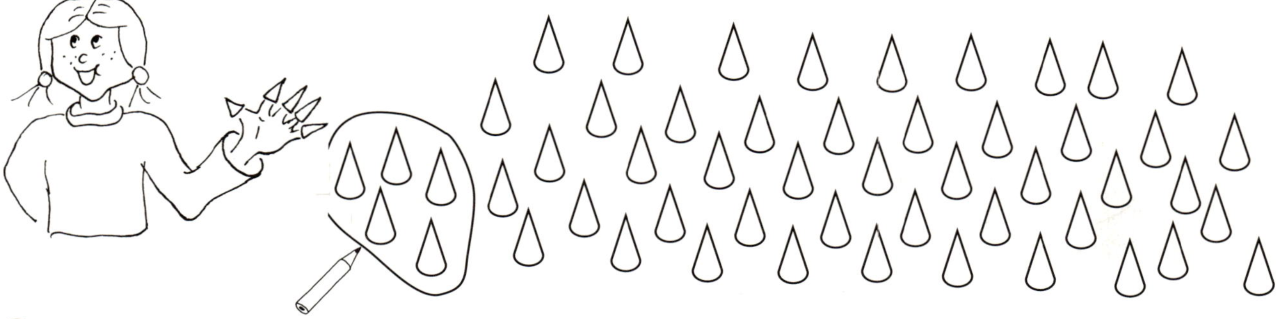

❸ Ergänze!

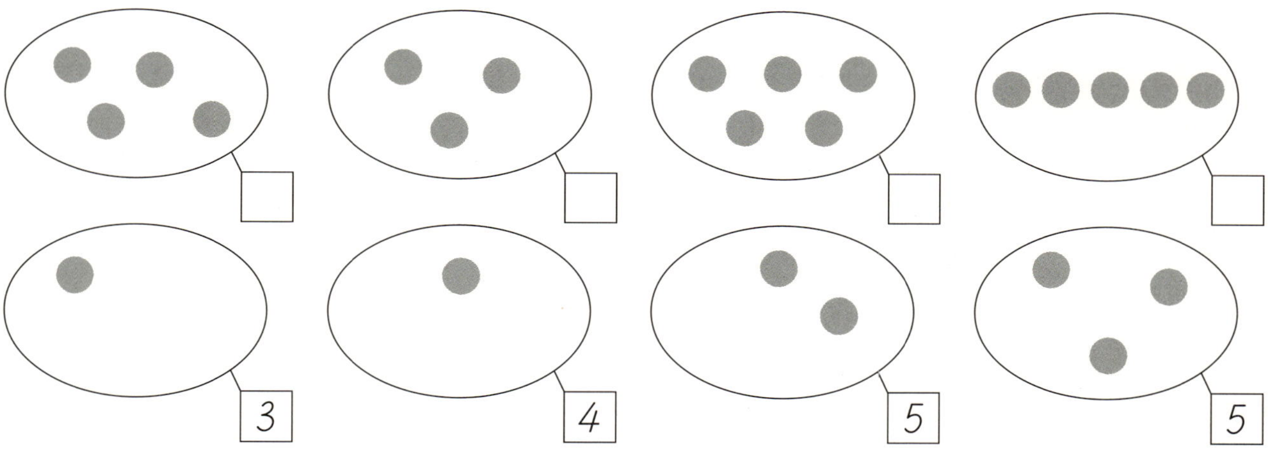

❹

Spieltipp:

Nimm diese Schablone und bastle selbst fünf Fingerpüppchen!

Name: ______________________	1. Klasse	Mathematik

Zerlegen bis 5

1

5
2 + □

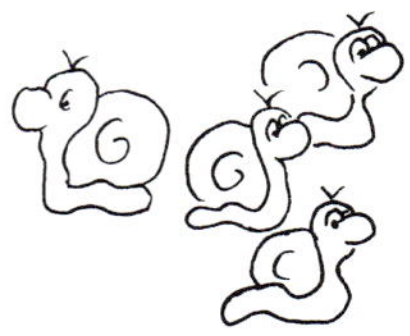

□
□ + □

□
□ + □

□
□ + □

2

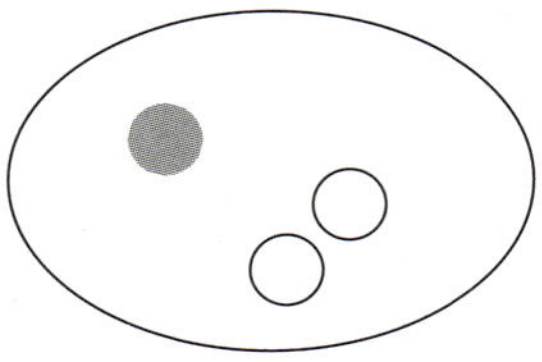

□
□ + □

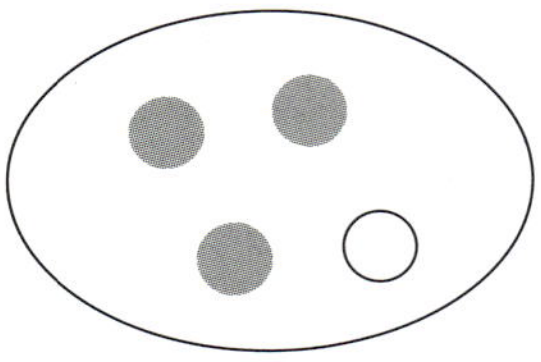

□
□ + □

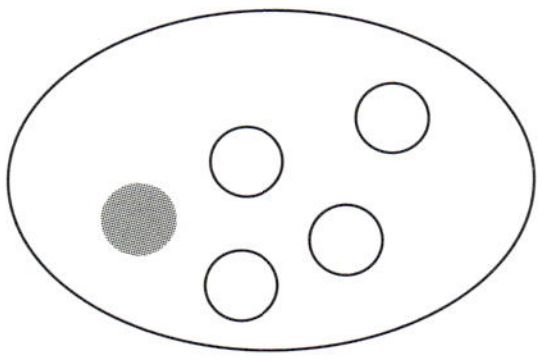

□
□ + □

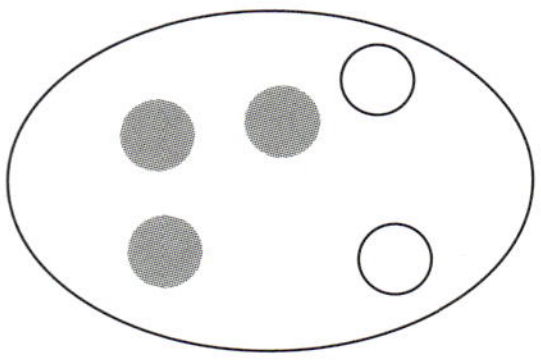

□
□ + □

4
2 + 2

□
2 + 1

5
2 + □

□
□ + □

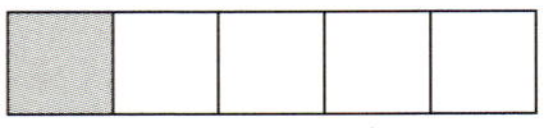

□
□ + □

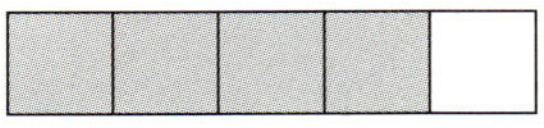

□
□ + □

Spieltipp:

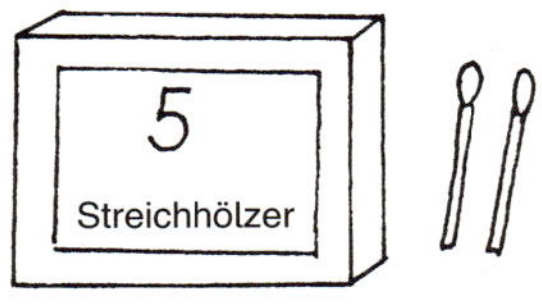

Wie viele sind noch in der Schachtel?

Name: ______________________	1. Klasse	Mathematik

Name: ______________________	1. Klasse	Mathematik

Die Zahl 0

1

2

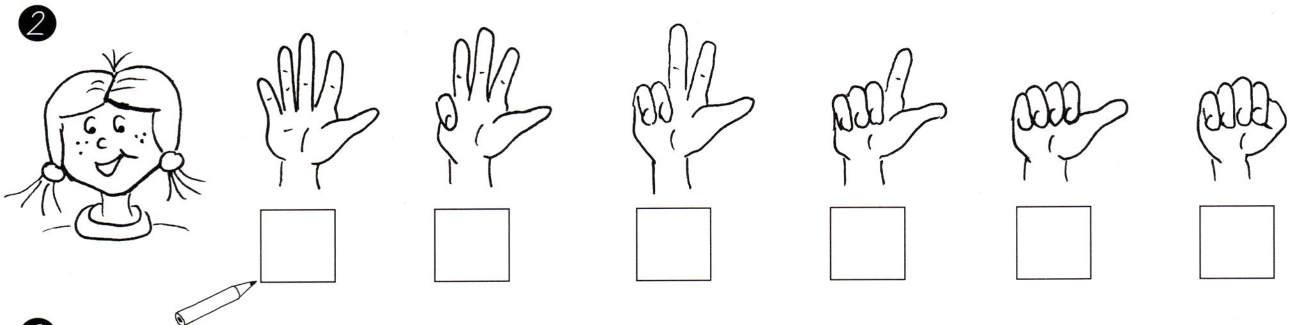

3

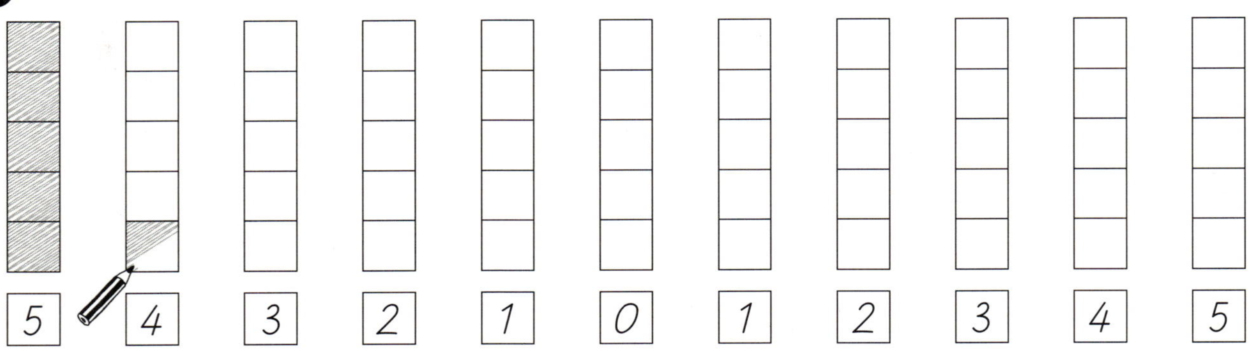

4

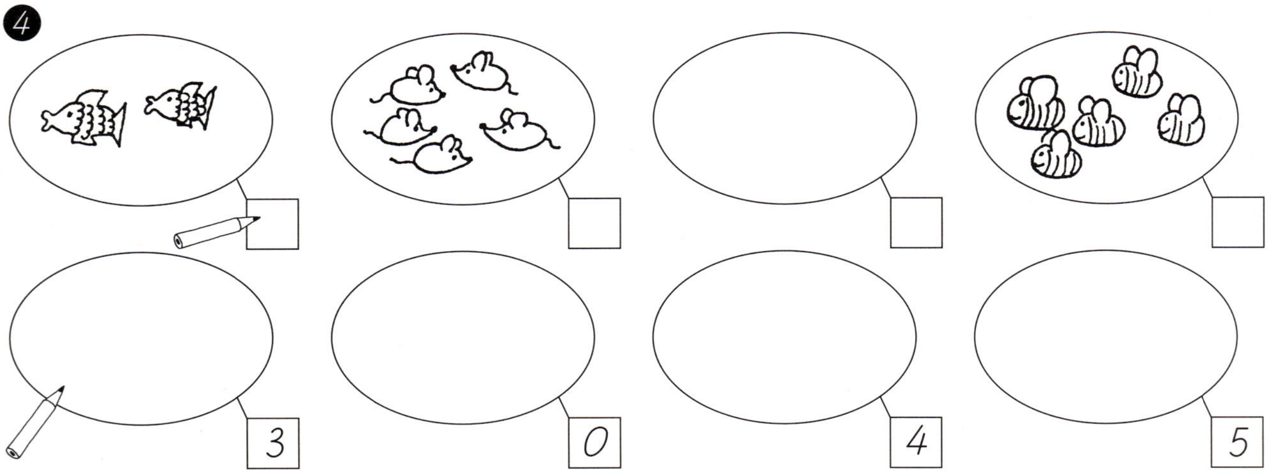

Name: ______________________	1. Klasse	Mathematik

Schütteln und Zerlegen

___ + ___

❶

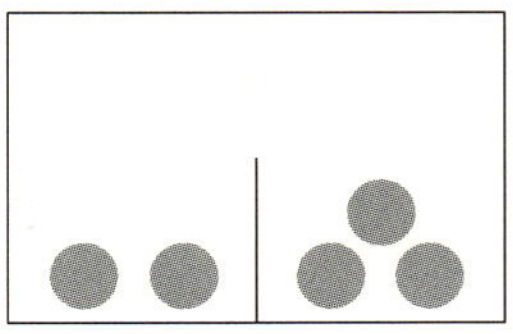

___ + ___

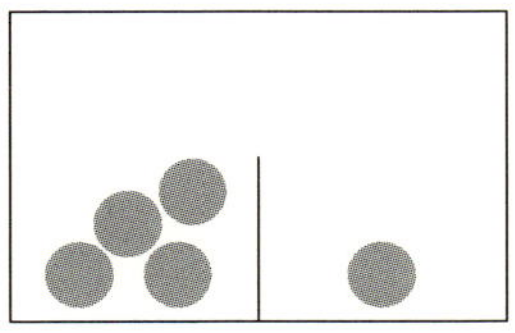

___ + ___

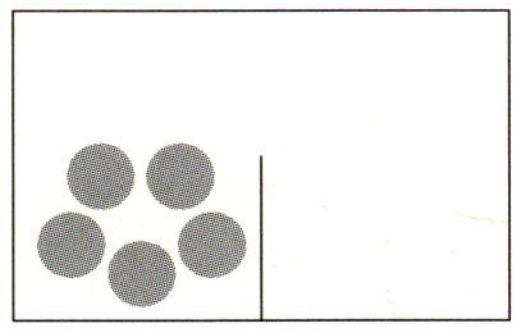

___ + ___

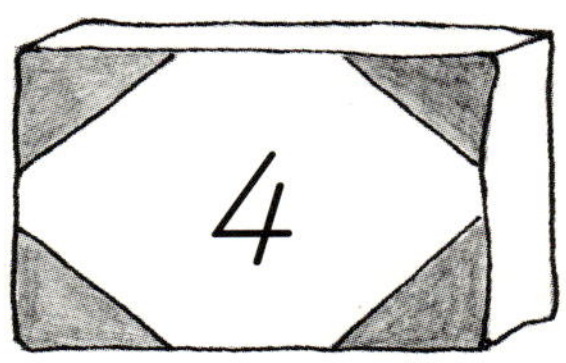

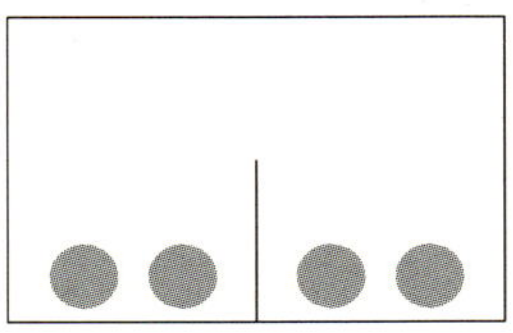

___ + ___

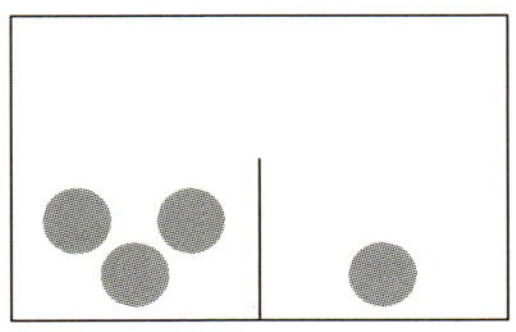

___ + ___

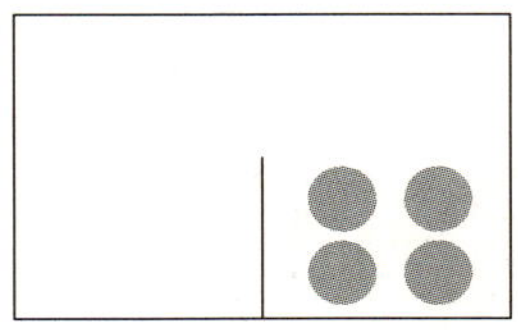

___ + ___

❷

(3)

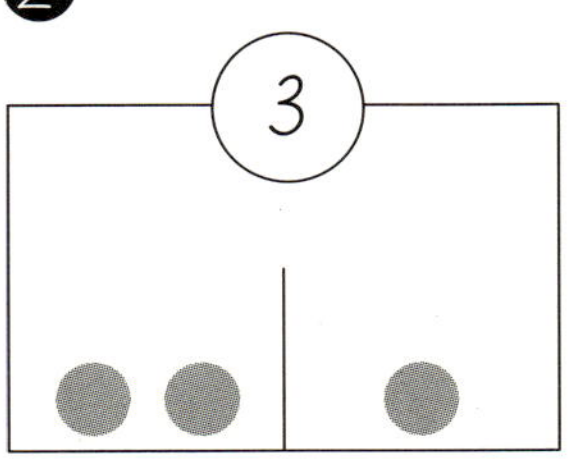

2 + 1

( )

1 + 3

( )

1 + 4

( )

0 + 5

❸

(5)

___ + ___

(4)

___ + ___

(3)

___ + ___

Spieltipp:

Nimm eine Streichholzschachtel.
Klebe einen Steg aus Papier ein.
Fülle sie mit getrockneten Erbsen.
„Schüttle!“

Name: ______________________________	1. Klasse	Mathematik

Schüttelboxen

❶ Wie viele Perlen sind noch in der Schachtel?

2 + ____

2 + ____

2 + ____

____ + 3

____ + 1

____ + ____

❷ Finde selbst Zerlegungen!

● ● | ●	2 + 1
|	+
|	+
|	+

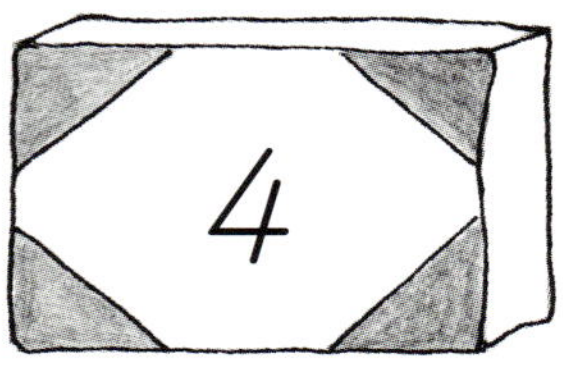

|	+
|	+
|	+
|	+

|	+
|	+
|	+
|	+

❸

4
2 +
+ 1
4 +
+ 3

4
2 +
+ 4
0 +
+ 1
3 +

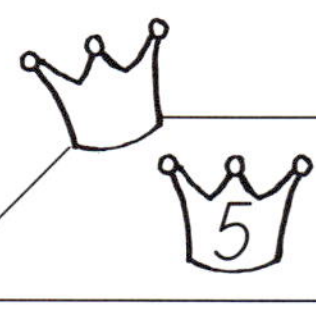

5
3 + 1 +
2 + + 1
4 + 0 +
+ 2 + 2

Name: ______________________	1. Klasse	Lernzielkontrolle

❶ Ergänze!

[ ] 2 [ ] 4

0 [ ] 3 5

4

❷ Zerlege!

4

[ ] + [ ]   [ ] + [ ]   [ ] + [ ]

[ ] + 3   5 + [ ]

5

❸ Ergänze!

1		3	

			4

		4	

				5

4

Punkte:

Unterschrift eines Erziehungsberechtigten

Name: ______________________	1. Klasse	Lernzielkontrolle

❶ Ergänze!

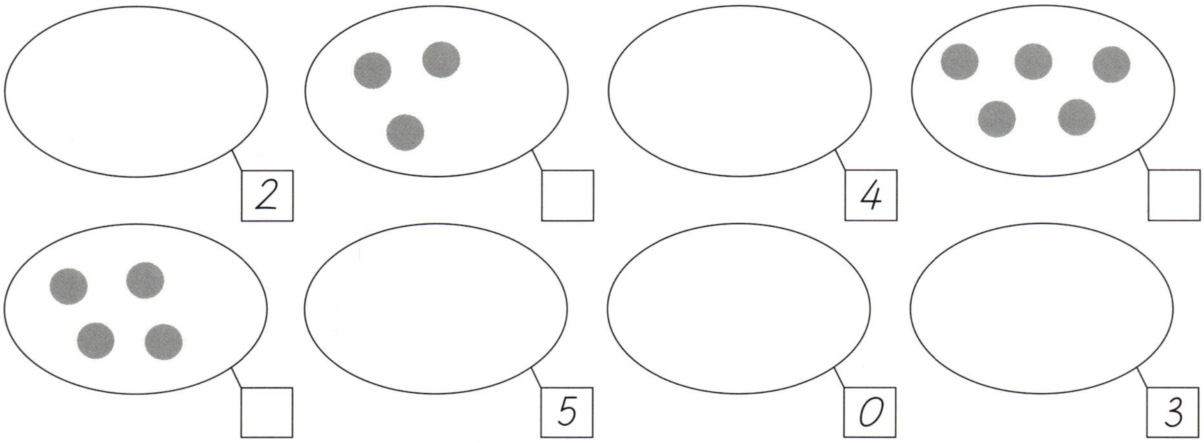

4

❷ Zerlege!

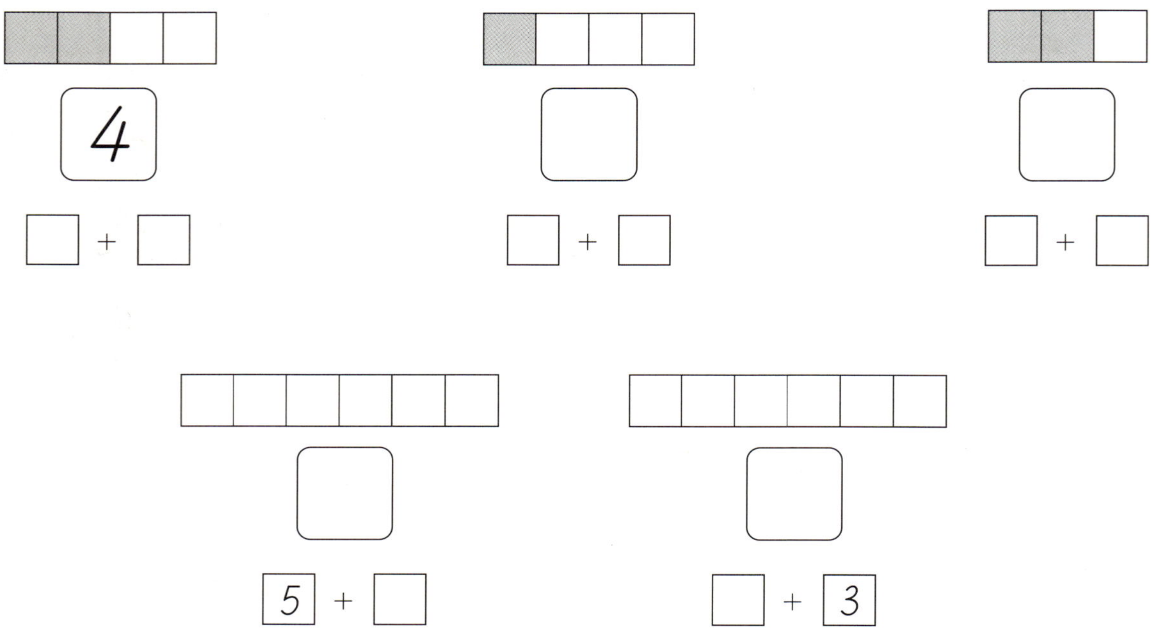

5

❸ Ergänze!

1		3	

				5

		4	

			4

4

Punkte:

Unterschrift eines Erziehungsberechtigten

Name: ______________________	1. Klasse	Mathematik

Name: ______________________	1. Klasse	Mathematik

Die Zahlen bis 6

❶ Wie viele Punkte siehst du?

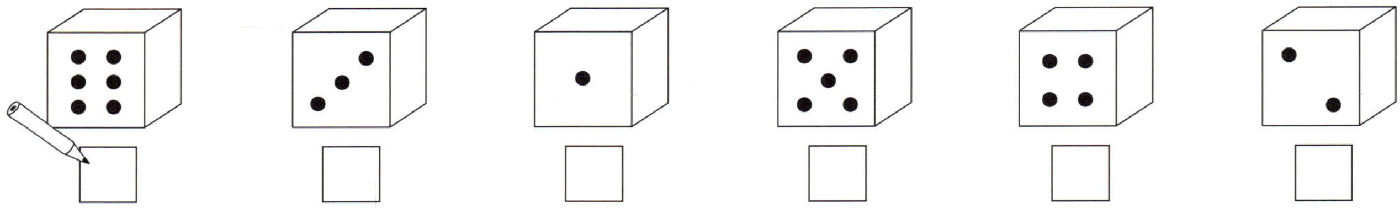

❷ Immer 6!

❸

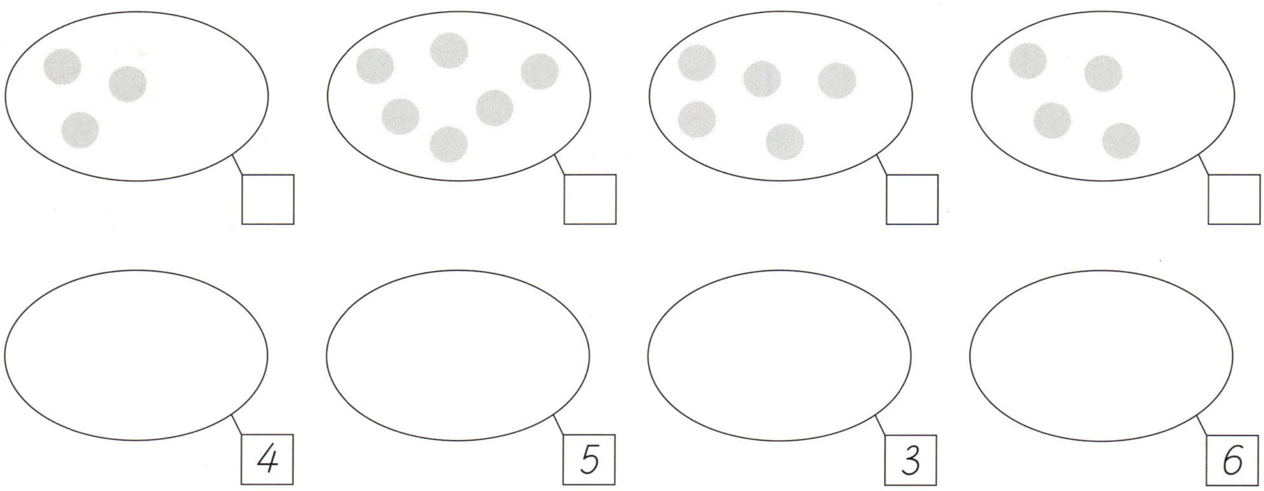

❹ Ergänze die fehlenden Zahlen!

0	1					

	3		

	4	5	

	1		

	1		3			

	4		

Spiel-Tipp:

Suche dir einen Spielpartner! Würfelt abwechselnd! Wer hat die größere Zahl?

Name: ______________________	1. Klasse	Mathematik

Zerlegen bis 6

1

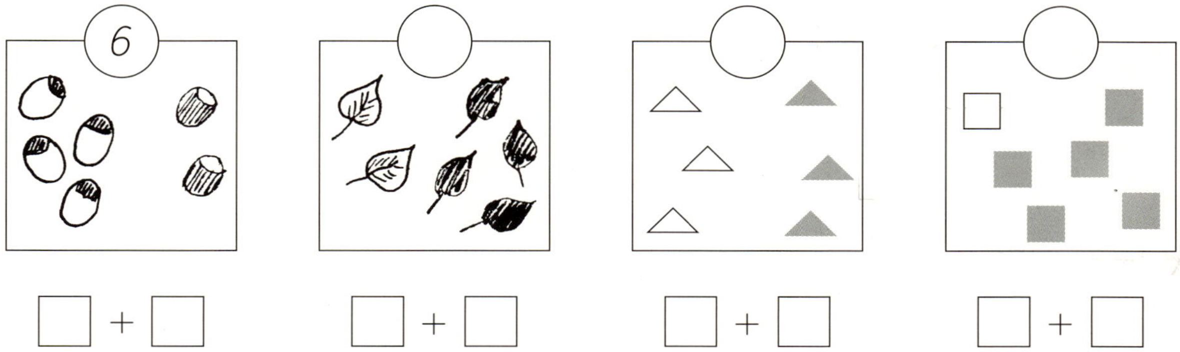

2

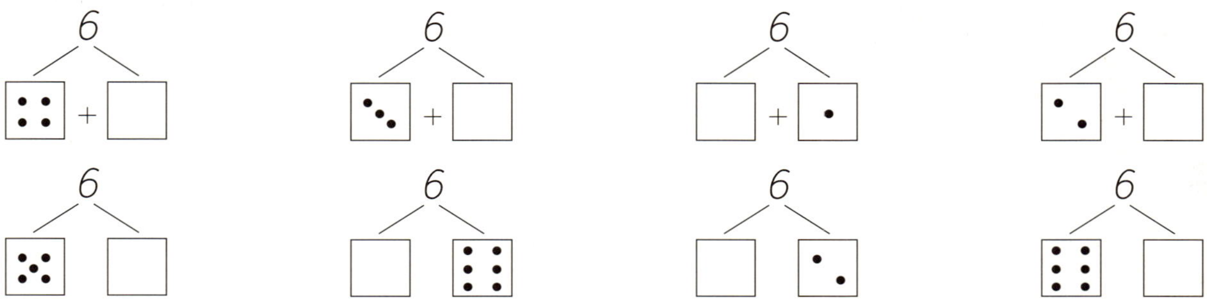

3

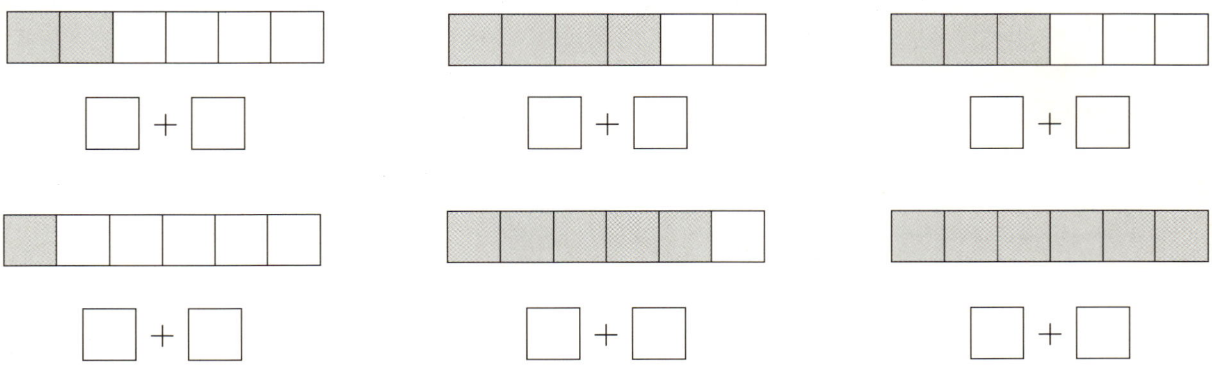

4

5
3 +
1 +
+ 1
+ 5

6
3 +
+ 2
+ 5
6 +
+ 1

Name: ______________________	1. Klasse	Mathematik

Wie viele Hasen sind es? ☐

Name: ______________________	1. Klasse	Mathematik

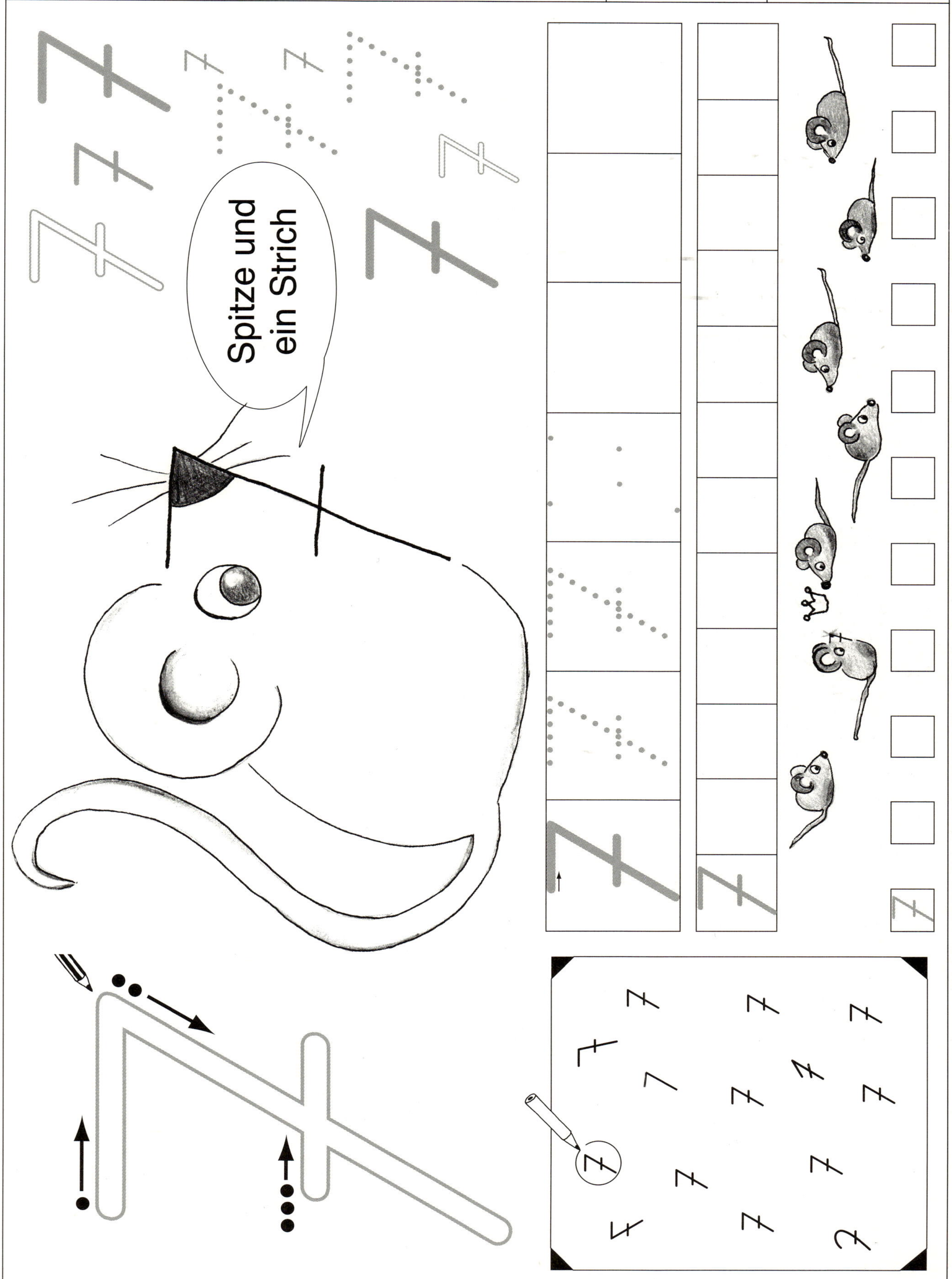

Name: ____________________	1. Klasse	Mathematik

Zählen und Zerlegen bis 7

1 Immer 7!

2 Jeder Käse hat 7 Löcher. Ergänze!

3 Ergänze!

7 7 7 7

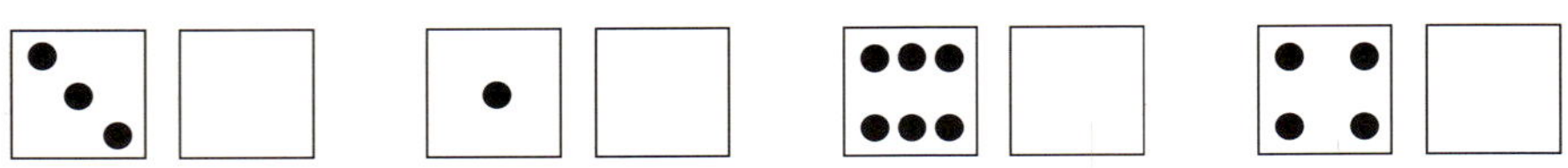

7 7 7 7

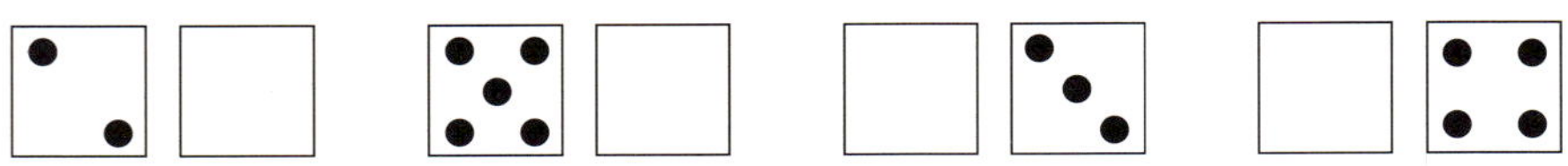

4 Male jeweils die passenden Würfel aus!

5 6 7 7 7

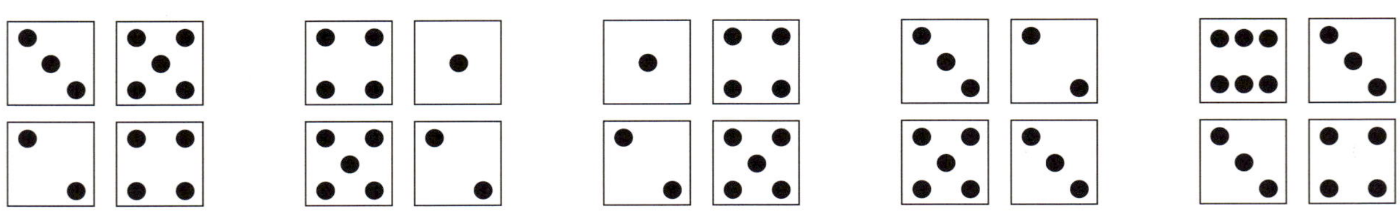

Name: ______________________	1. Klasse	Mathematik

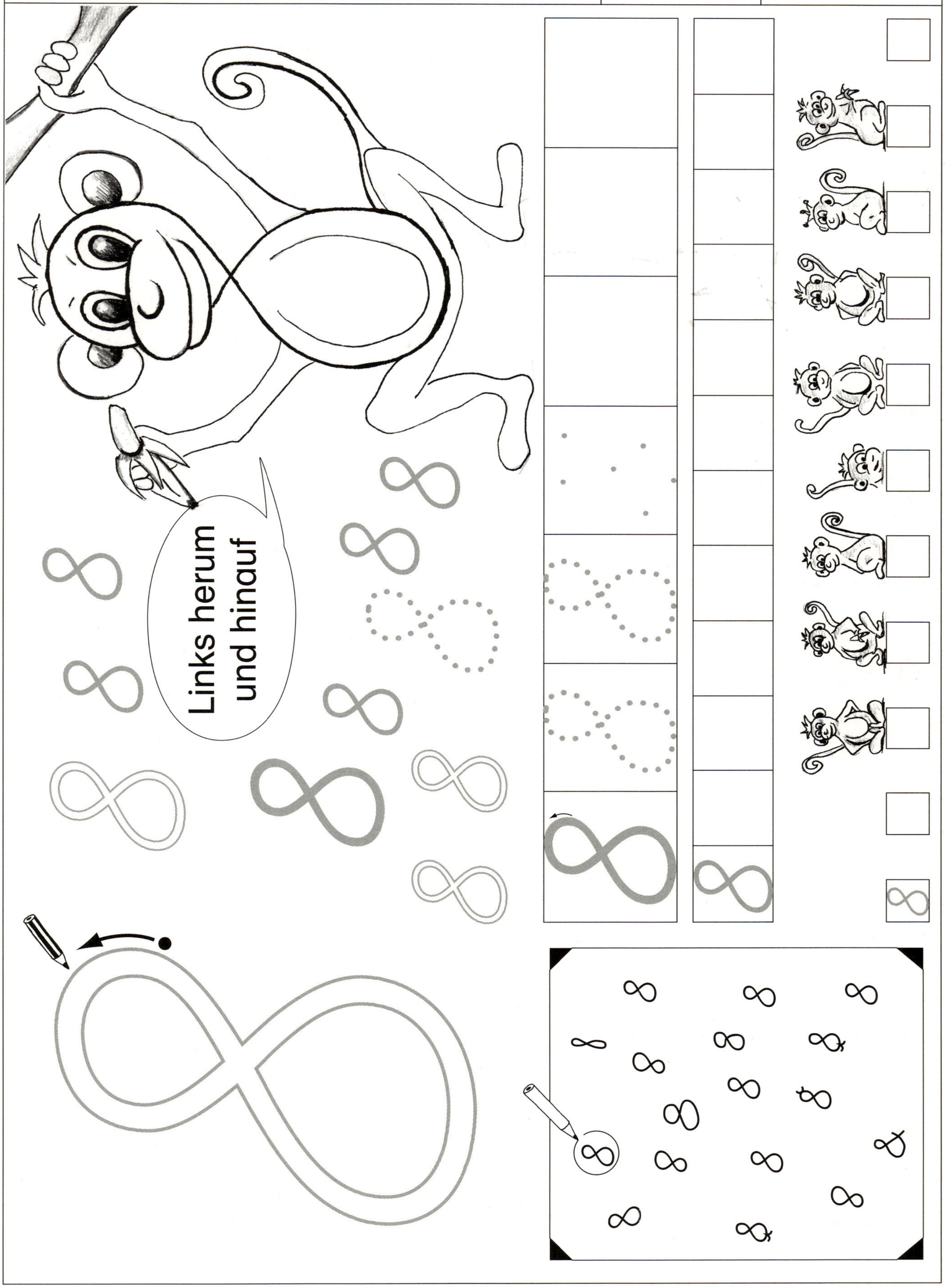

Name: ______________________	1. Klasse	Mathematik

Zählen und Zerlegen bis 8

❶ Immer 8!

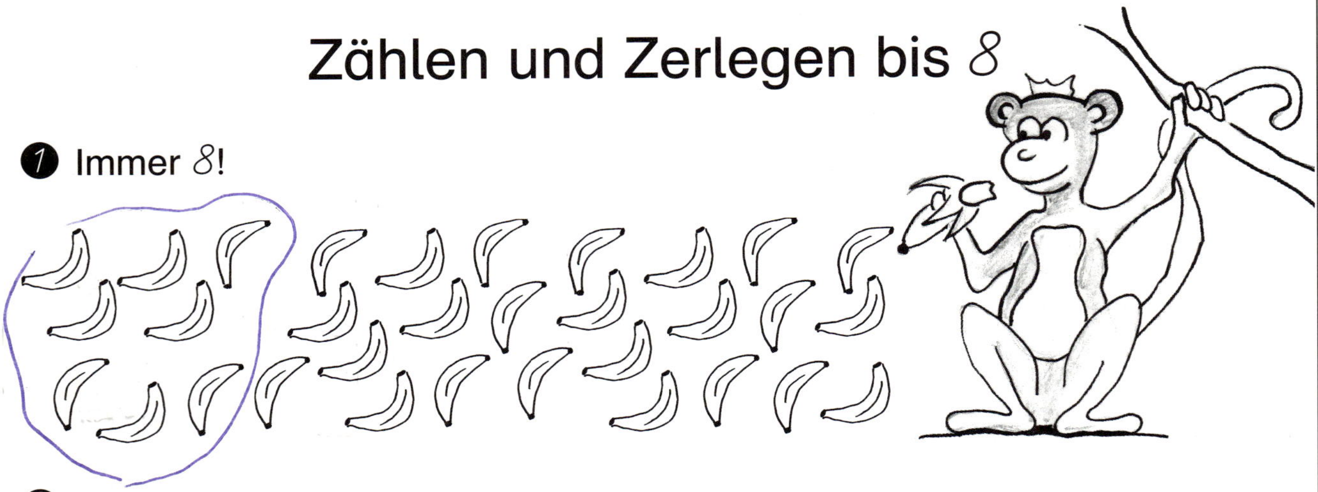

❷ Ergänze!

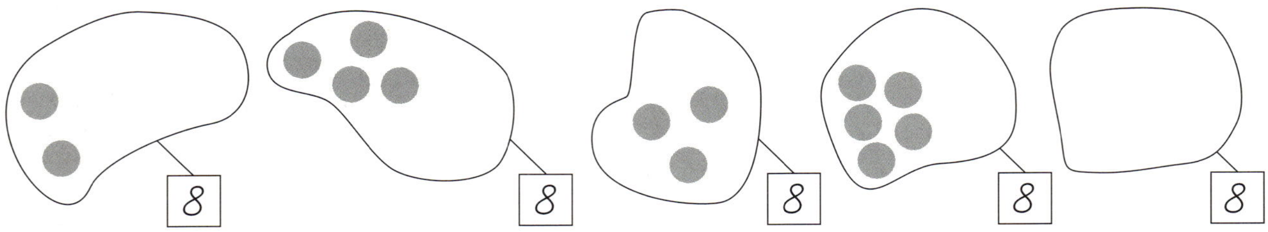

❸ Ergänze!

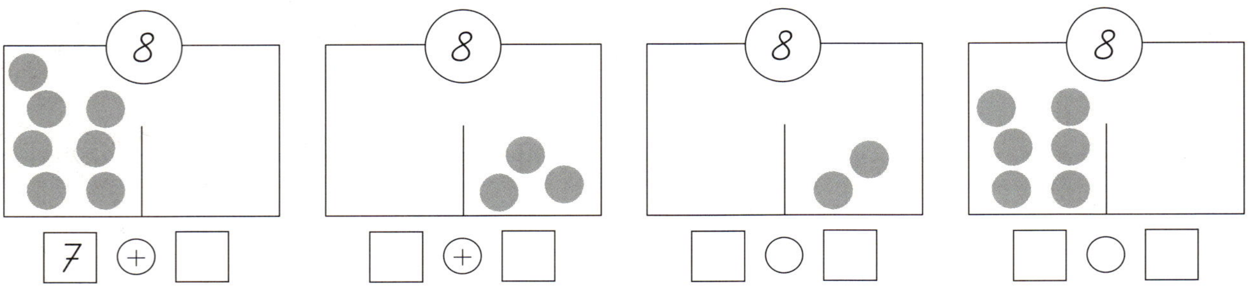

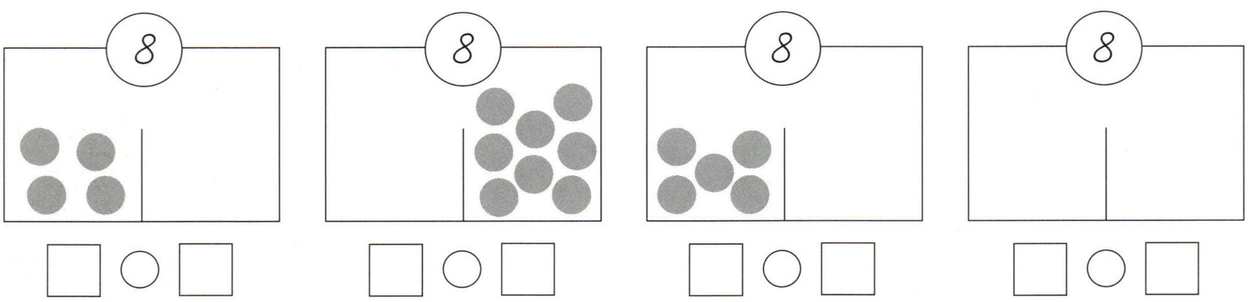

❹

6
3 +
+ 4
1 +

7
1 +
+ 7
3 +

8
2 +
+ 4
+ 3

8
2 + 2 +
+ 3 + 1
5 + + 0

Name: ______________________	1. Klasse	Mathematik

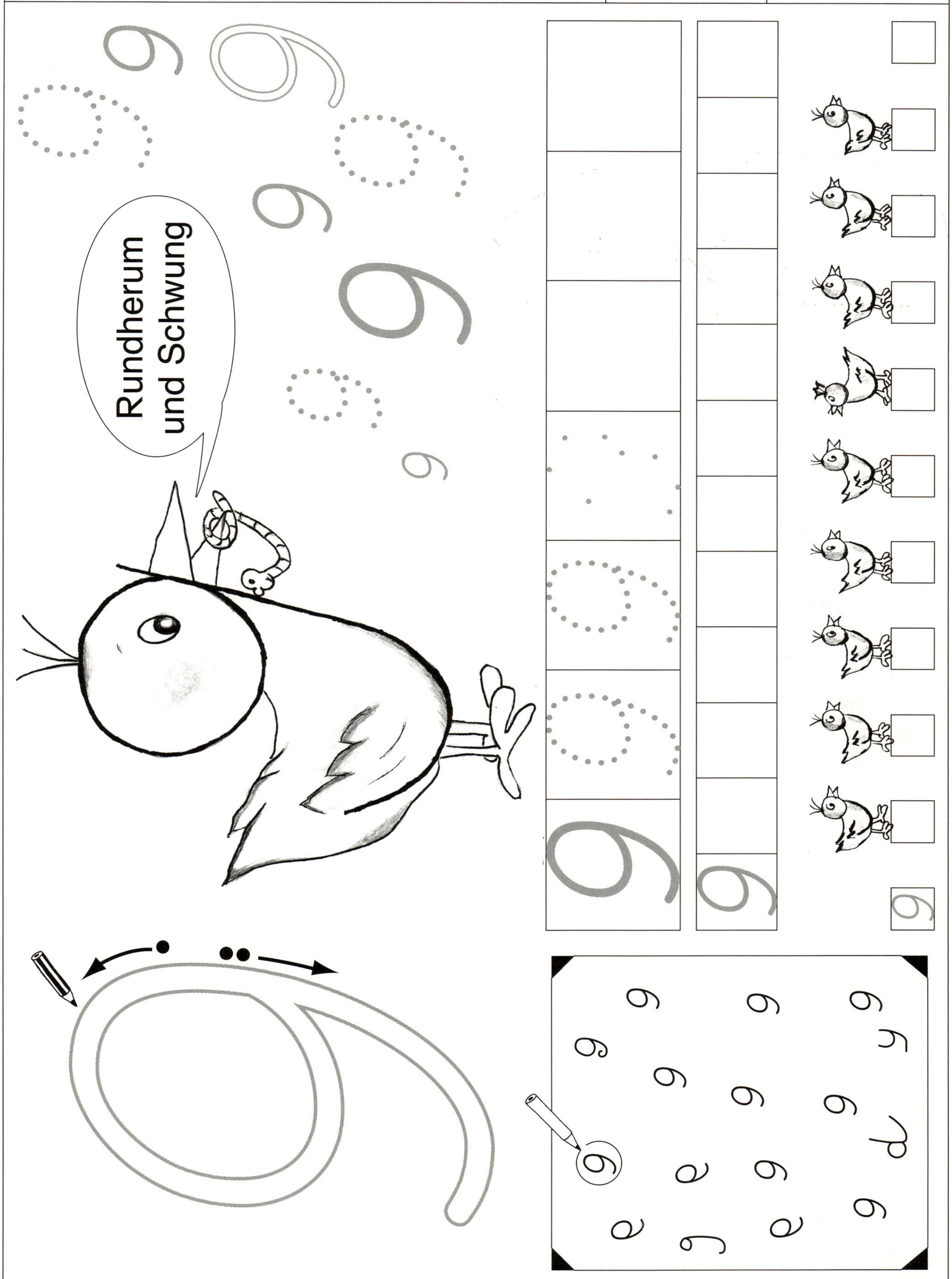

Name:	1. Klasse	Mathematik

Zählen und Zerlegen bis 9

1 Immer 9!

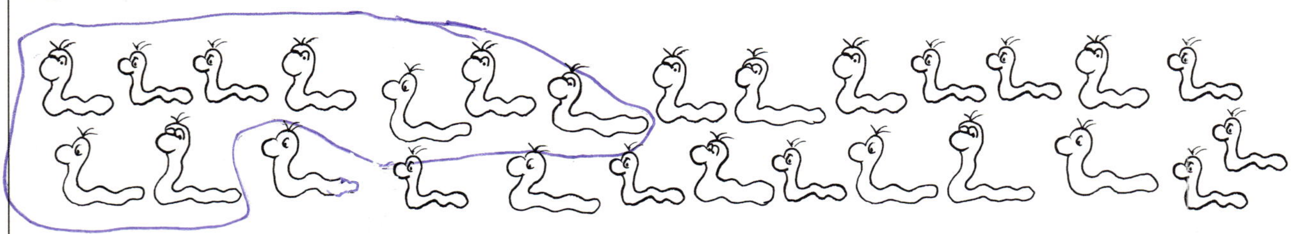

2 Ergänze!

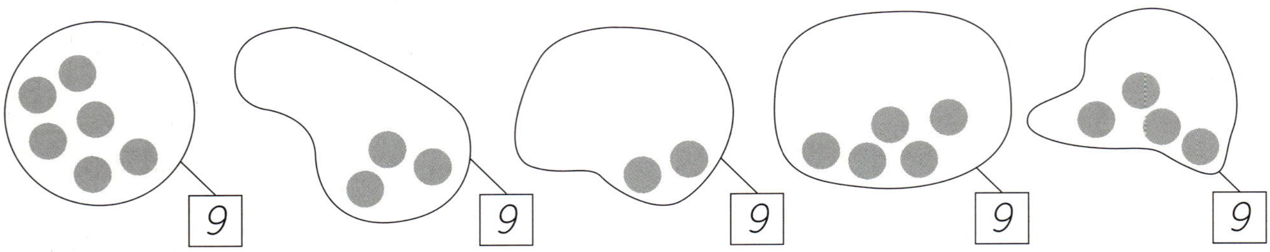

3

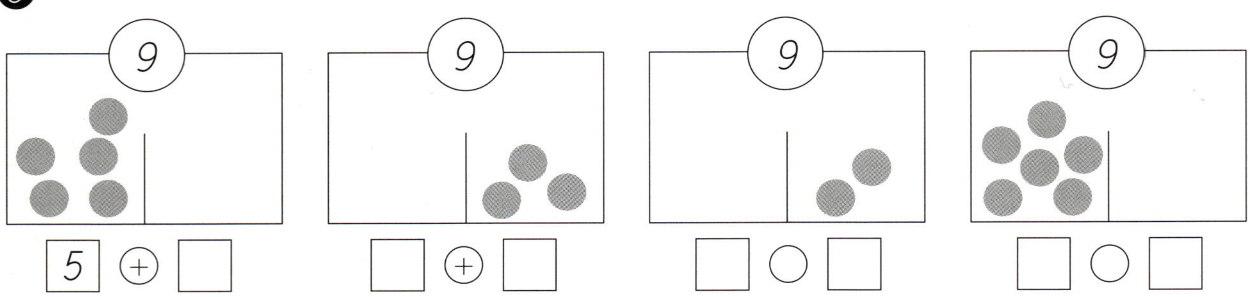

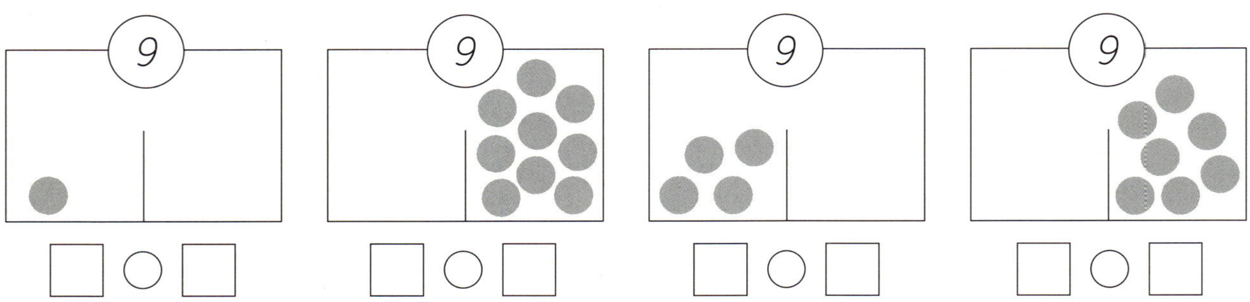

4

7	
3 +	
	+ 1
	+ 5
0 +	

8	
4 +	
	+ 2
8 +	
3 +	

9	
3 +	
	+ 9
5 +	
7 +	

	9	
3 +	3 +	
	+ 2	+ 5
6 +	0 +	
5 +		+ 1

Name: ______________________	1. Klasse	Mathematik

❶

❷ Immer 10 !

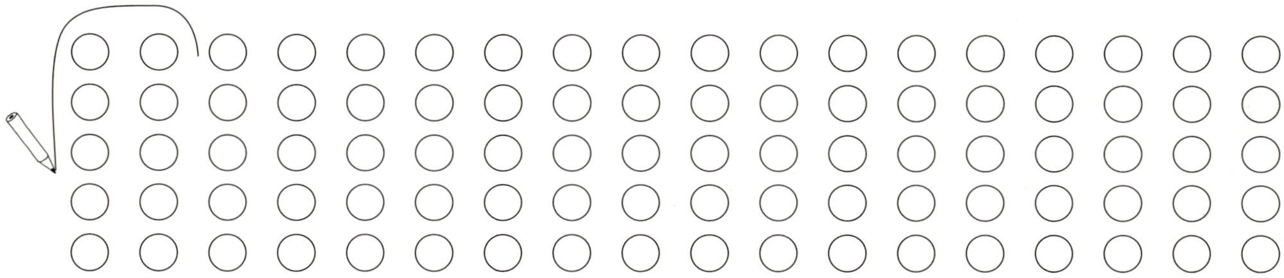

❸ Ergänze!

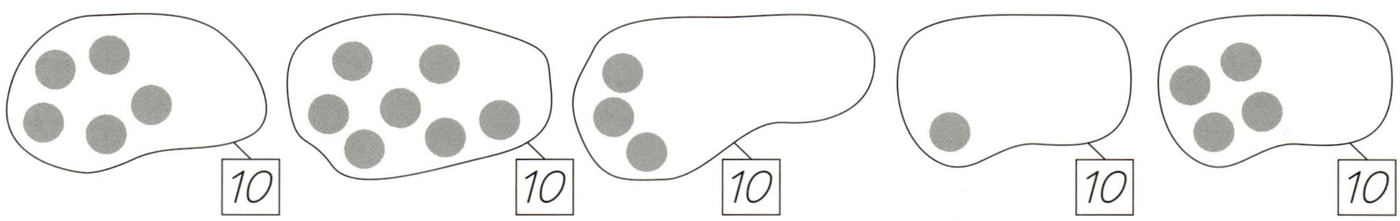

❹

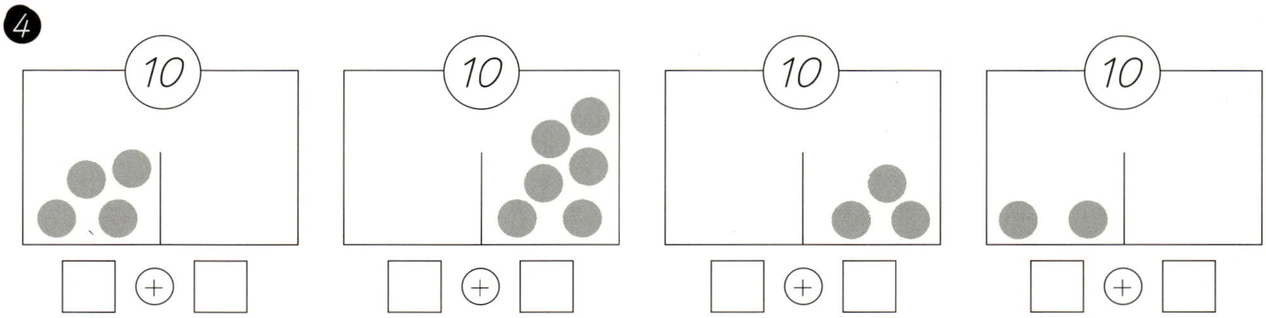

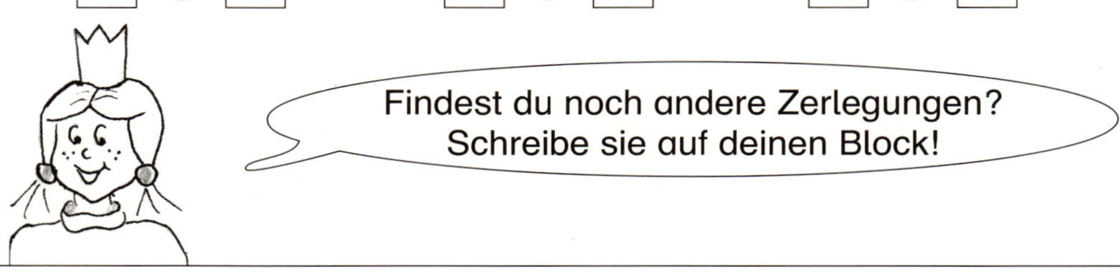

Name:	1. Klasse	Mathematik

Zerlegen bis 10

1

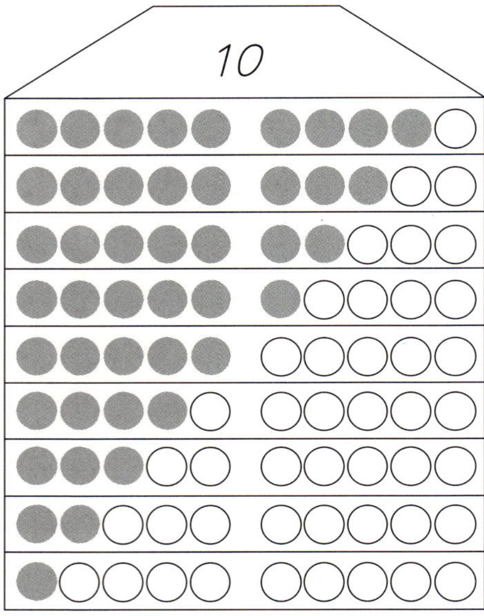

10
9 +
8 +

10: 3 + □

10: 4 + □

10: □ + 8

10: □ + 5

2

8
5 +
+ 2
4 +
+ 7

7
3 +
+ 2
+ 7
4 +

10
5 +
+ 4
+ 6
3 +

9
4 +
+ 6
7 +
+ 1

10
2 +
+ 0
+ 5
7 +

3

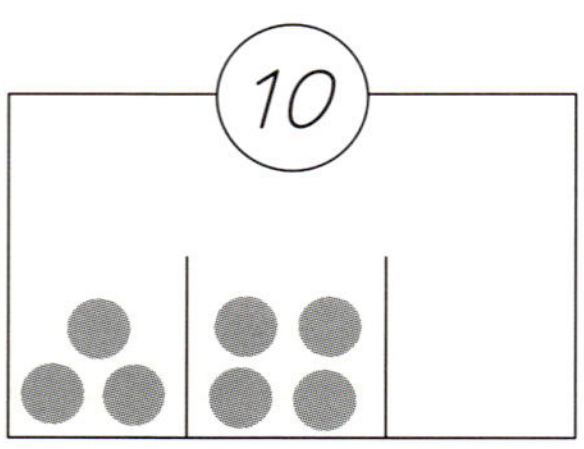

□ + □ + □

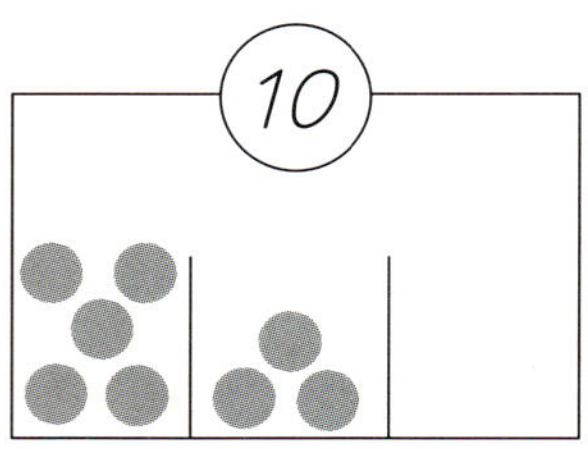

□ + □ + □

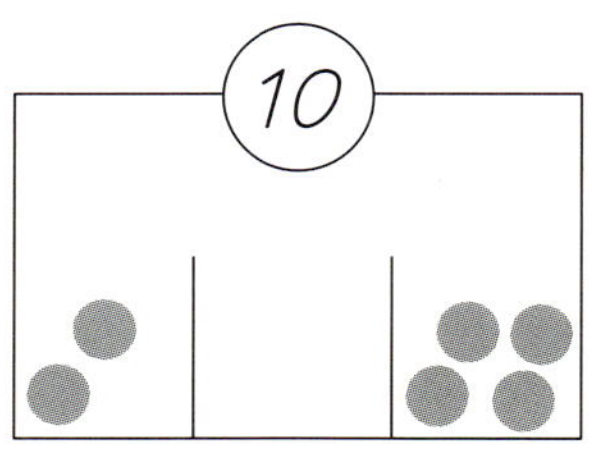

□ + □ + □

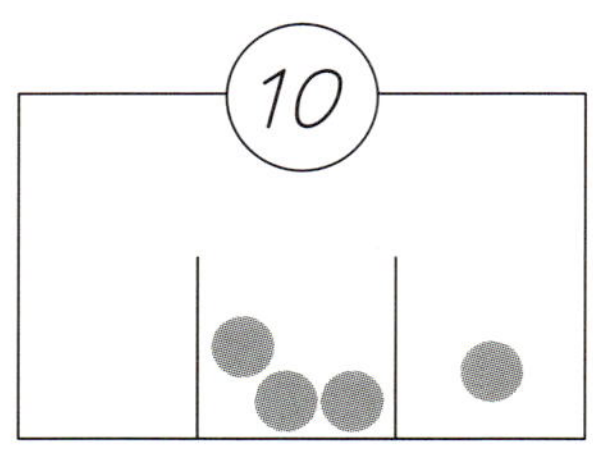

□ + □ + □

4

10
2 + 3 +
4 + 2 +
7 + 0 +

10
5 + + 3
7 + + 3
8 + + 1

10
+ 4 + 4
+ 2 + 1
+ 6 + 4

Name: ______________________________	1. Klasse	Lernzielkontrolle

❶ Ergänze!

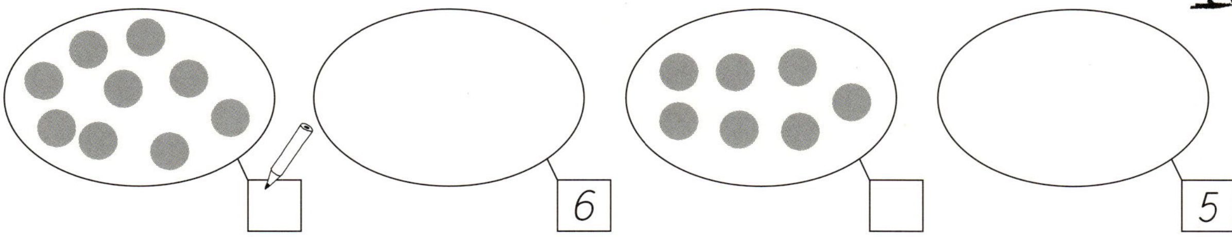

4

❷ Ergänze!

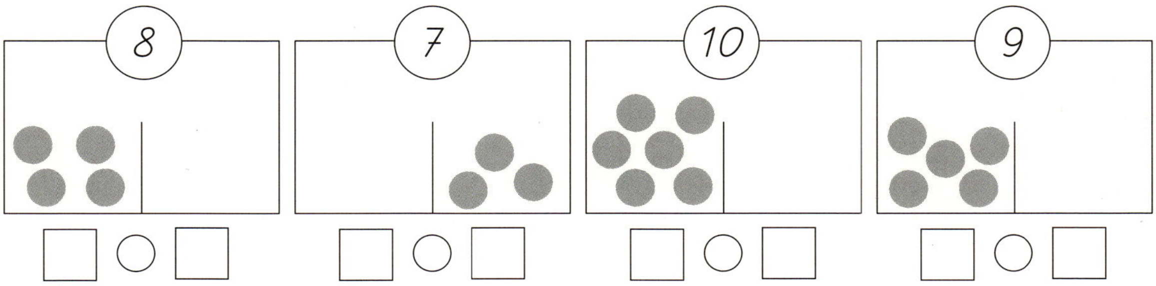

8

❸

6
+ 6
+ 2
1 +
3 +

9
4 +
3 +
+ 7
1 +

10
+ 9
2 +
7 +
+ 5

7
+ 6
5 +
0 +
+ 3

16

Punkte:

Unterschrift eines Erziehungsberechtigten

Name: ______________________	1. Klasse	Lernzielkontrolle

1 Ergänze!

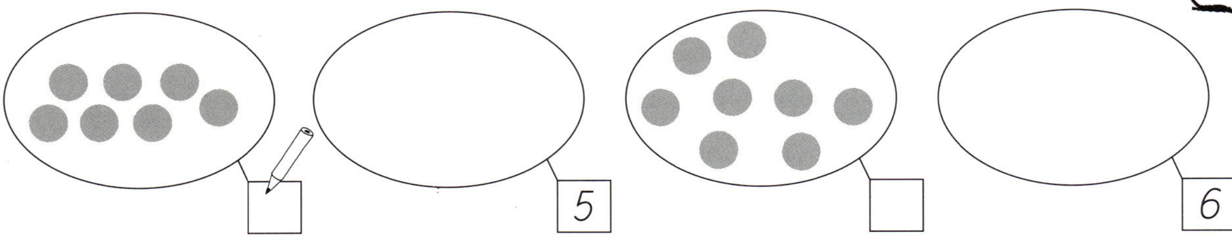

4

2 Ergänze!

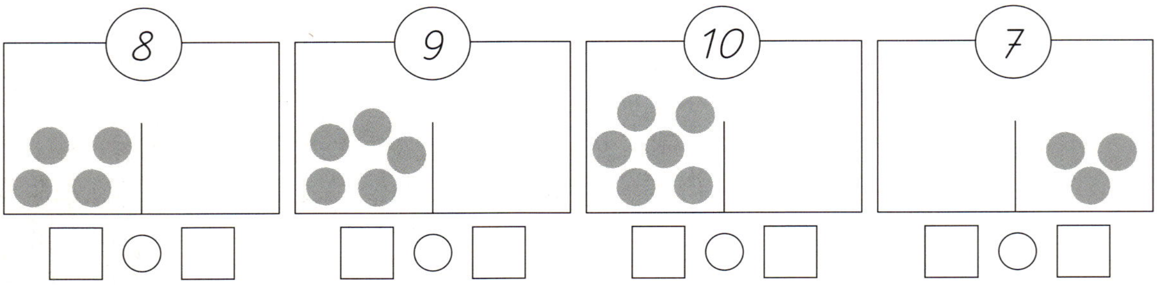

8

3

6
3 +
+ 2
1 +
+ 6

9
4 +
+ 7
3 +
1 +

10
+ 5
2 +
7 +
+ 9

7
+ 6
5 +
+ 3
0 +

16

Punkte:

____
Unterschrift eines Erziehungsberechtigten

Name: ______________________	1. Klasse	Mathematik

… ist größer als …

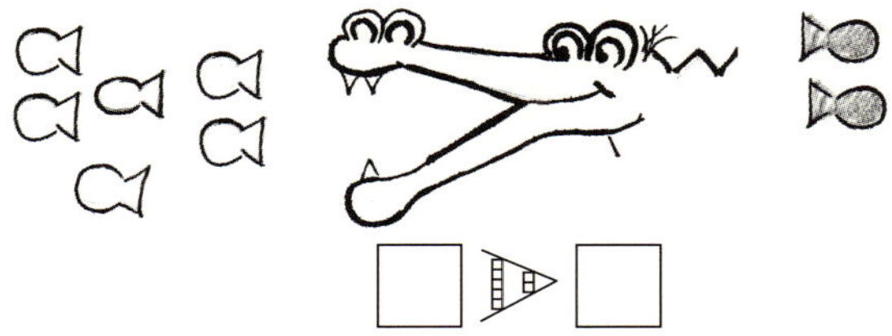

❶

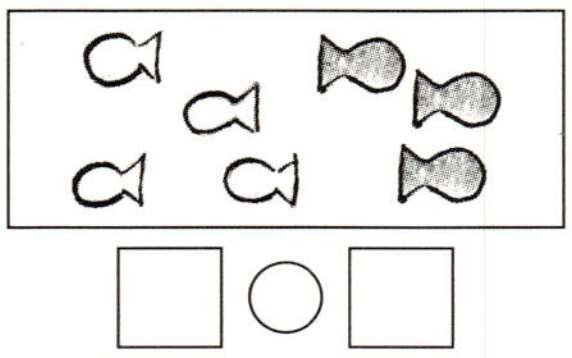

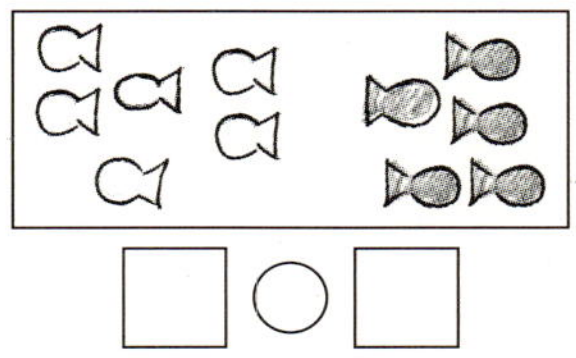

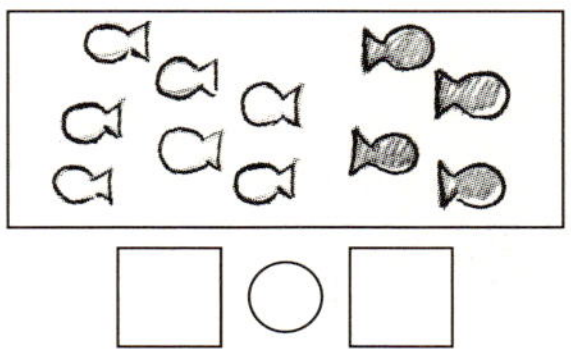

❷

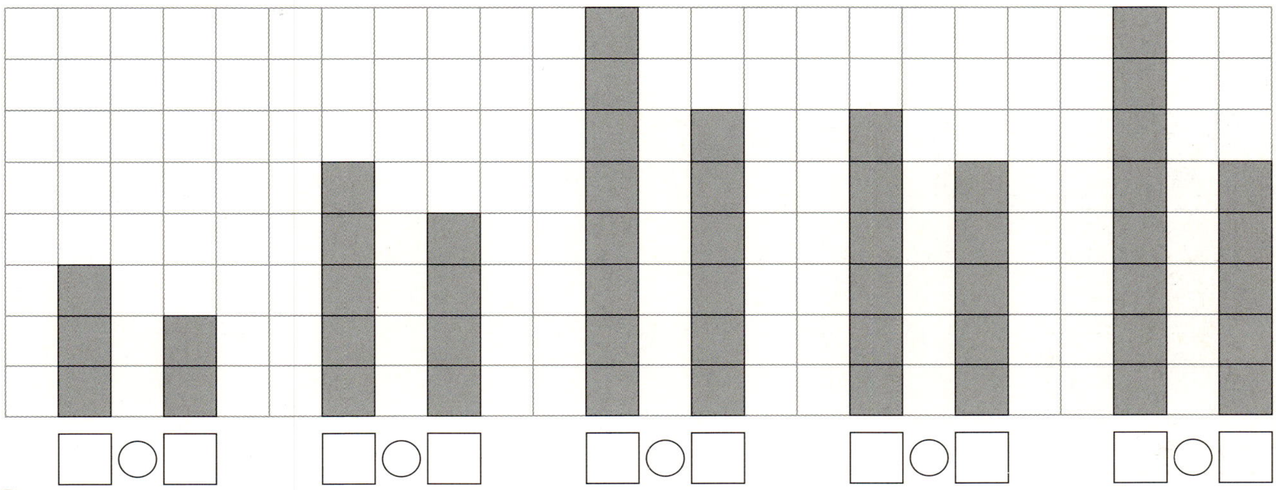

❸

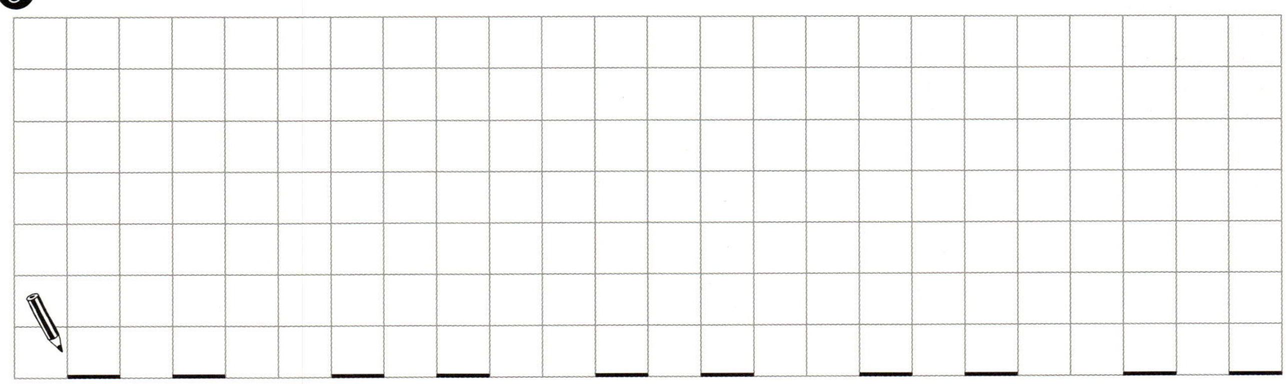

7 ○ 5 4 ○ 2 6 ○ 4 5 ○ 3 7 ○ 6

❹

5 > ☐ 9 > ☐ ☐ > 6

5 > ☐ 9 > ☐ ☐ > 7

5 > ☐ 9 > ☐ ☐ > 8

5 > ☐ 9 > ☐ ☐ > 9

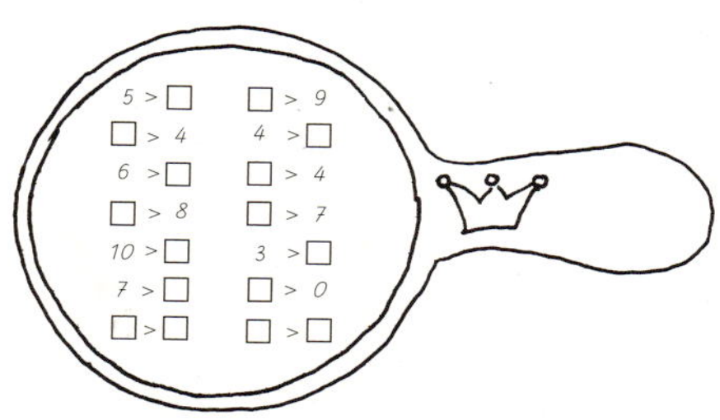

Name: ______________________________	1. Klasse	Mathematik

… ist kleiner als …

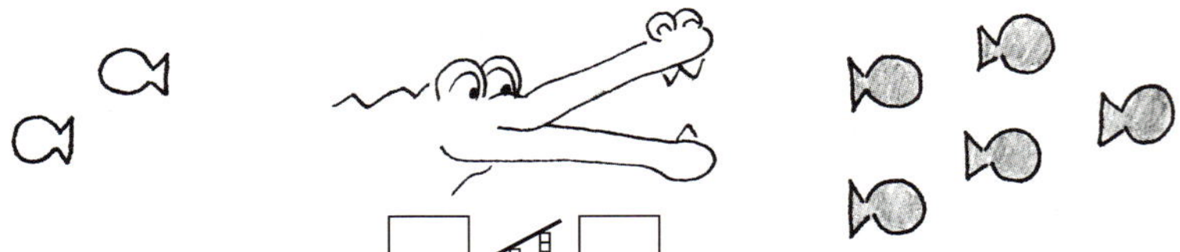

□ < □

❶

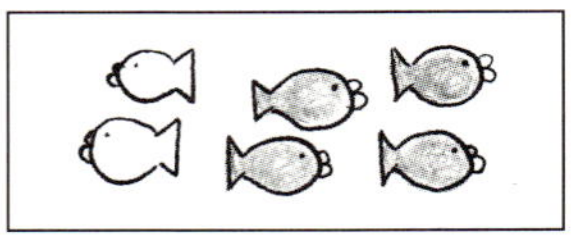

□ ○ □

□ ○ □

□ ○ □

❷

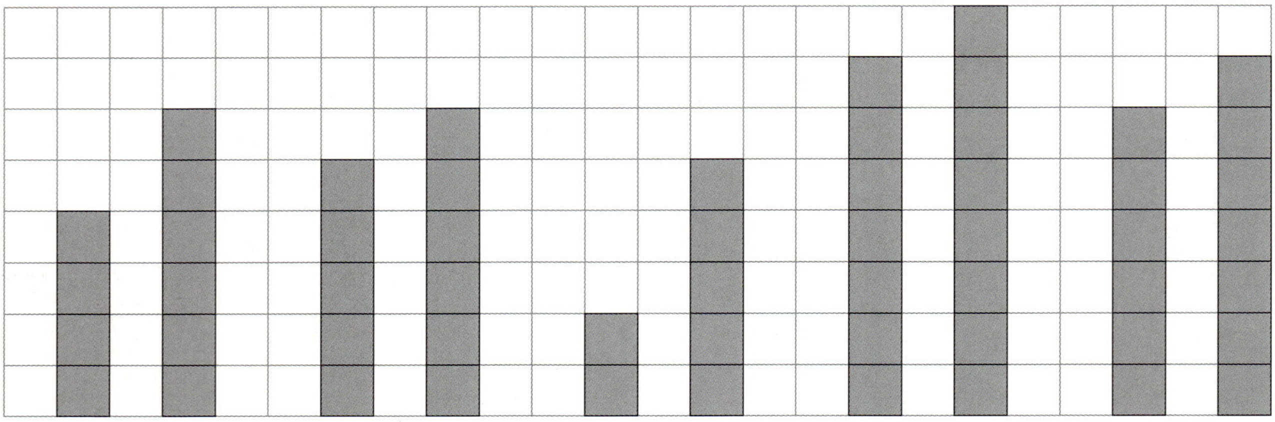

□ ○ □ □ ○ □ □ ○ □ □ ○ □ □ ○ □

❸

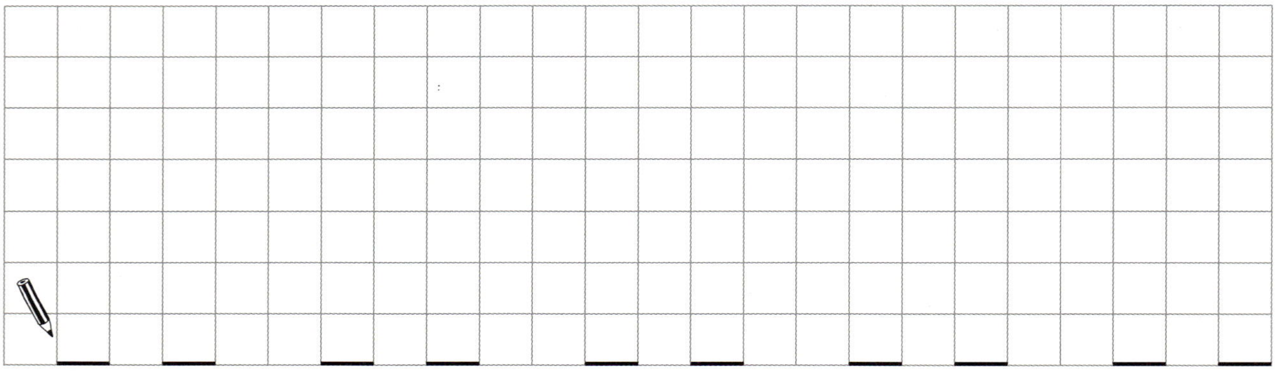

3 ○ 5 4 ○ 5 3 ○ 4 5 ○ 7 3 ○ 6

❹

1 < □	6 < □	□ < 8
2 < □	7 < □	□ < 4
3 < □	8 < □	□ < 7
4 < □	9 < □	□ < 1

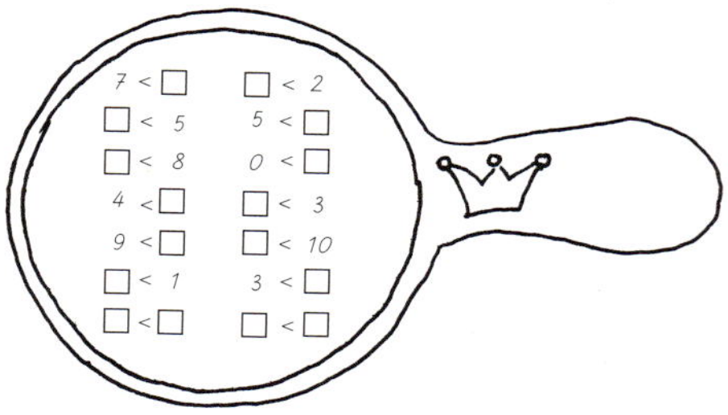

Name: ______________________	1. Klasse	Mathematik

… ist gleich …

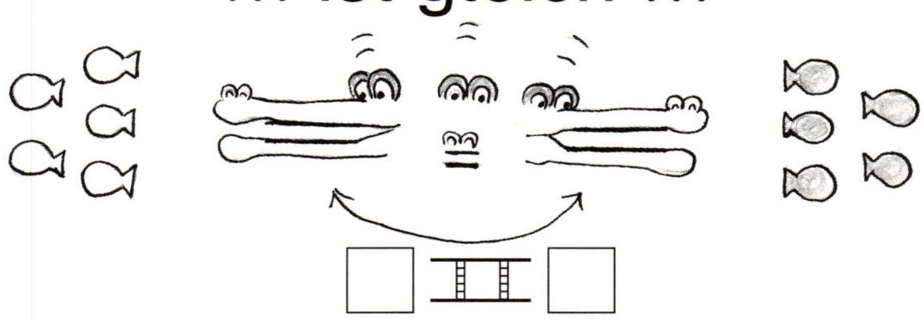

1

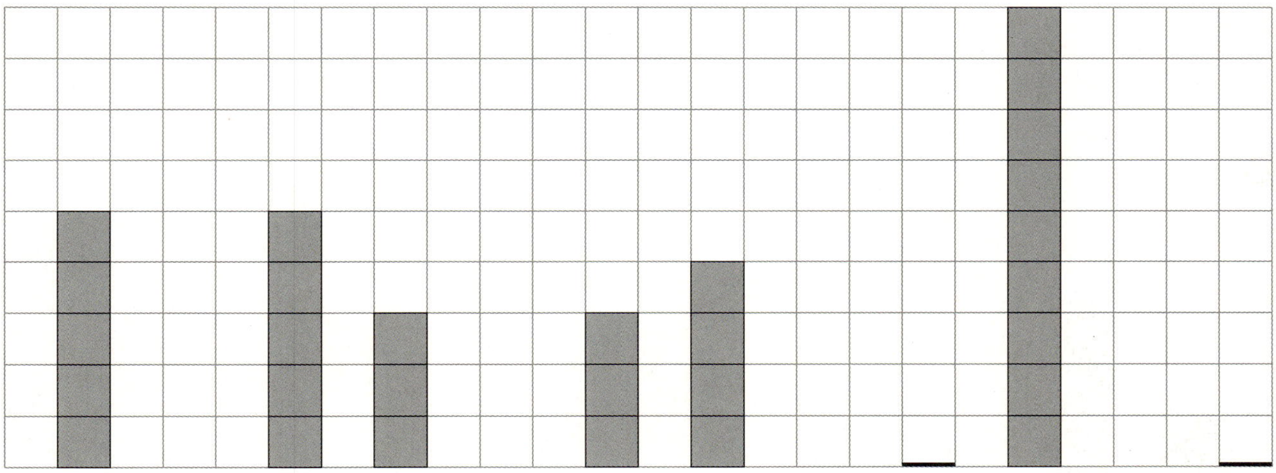

5 ⊜ ☐ ☐ ○ ☐ ☐ ○ ☐ ☐ ○ ☐

2

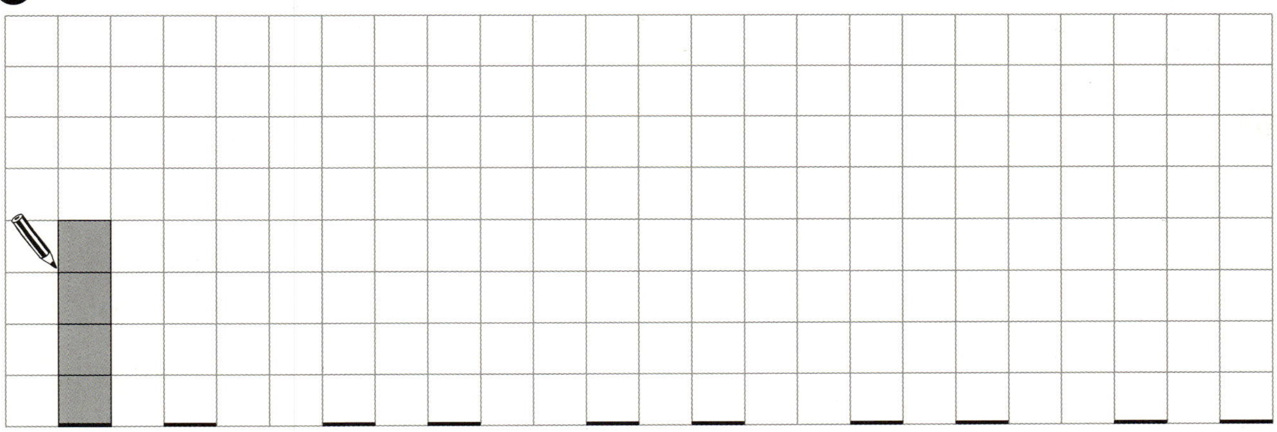

4 = 4 2 = 2 6 = 6 7 = 7 0 = 0

3

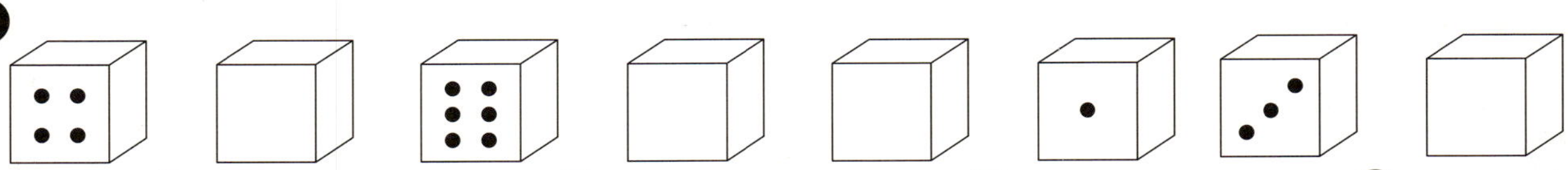

4 ○ 4 ___ ○ ___ ___ ○ ___ ___ ○ ___

☐ ⊜ ☐ ☐ ⊜ ☐ ☐ ⊜ ☐ ☐ ⊜ ☐

Name: ______________________________	1. Klasse	Mathematik

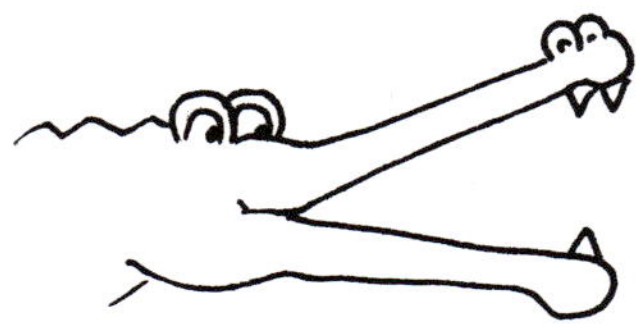

Größer als – kleiner als – gleich?
> < =

1

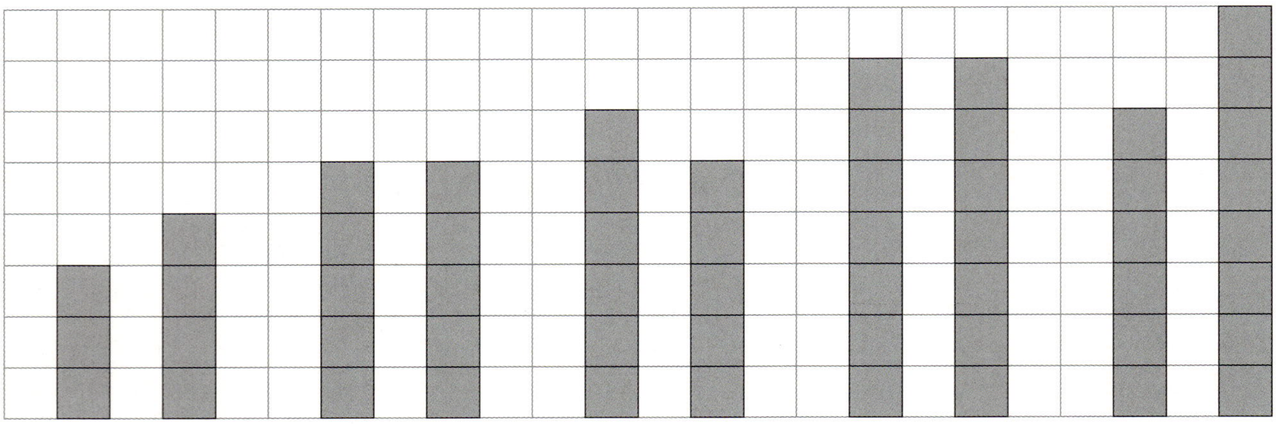

3 ○ □   □ ○ □   □ ○ □   □ ○ □   □ ○ □

2

6 ○ 3   5 ○ 5   2 ○ 0   4 ○ 7   6 ○ 5

3

7 ○ 3	2 ○ 5	1 < □	□ > 9
2 ○ 9	3 ○ 4	3 > □	□ < 6
8 ○ 7	8 ○ 3	9 > □	□ = 8
7 ○ 7	4 ○ 4	1 = □	□ < 10

□ < □   □ > □   □ = □   □ ○ □

Name: ______________________________	1. Klasse	Mathematik

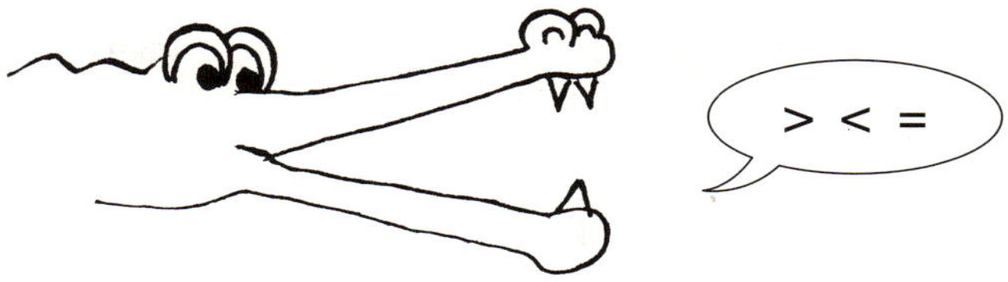

1

5 ○ 7	5 ○ 6	9 ○ 7	6 ○ 9	10 ○ 1
5 ○ 0	6 ○ 6	4 ○ 3	7 ○ 5	4 ○ 5
5 ○ 5	8 ○ 6	5 ○ 9	0 ○ 5	9 ○ 8
5 ○ 4	0 ○ 6	10 ○ 8	8 ○ 8	4 ○ 9
5 ○ 8	7 ○ 6	6 ○ 5	6 ○ 3	10 ○ 6

2 Kreise alle passenden Zahlen ein!

4 > __

0 7 3 4 8 10 9 5 6 1 2

7 > __

8 7 5 1 3 6 2 0 4 10 9

__ < 5

5 3 9 1 2 8 10 0 4 6 7

__ > 7

6 8 7 3 1 2 9 5 10 6 4

3

6 > □	5 < □
□ < 4	□ < 3
□ > 9	7 > □
5 = □	□ = 8
□ = 0	10 > □

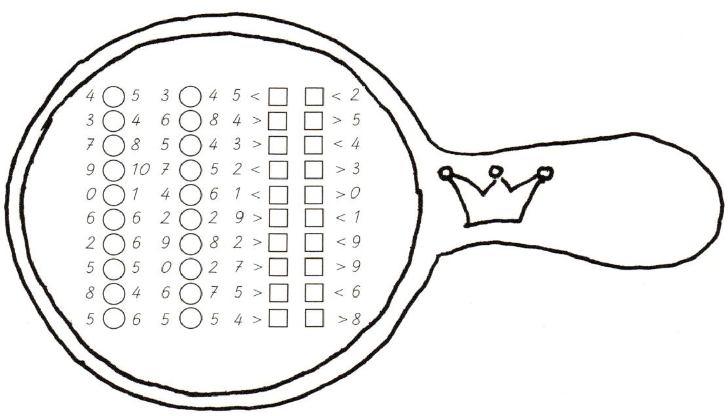

Name: ______________________	1. Klasse	Lernzielkontrolle

1 Ergänze die fehlenden Zahlen und Zeichen **> < =**!

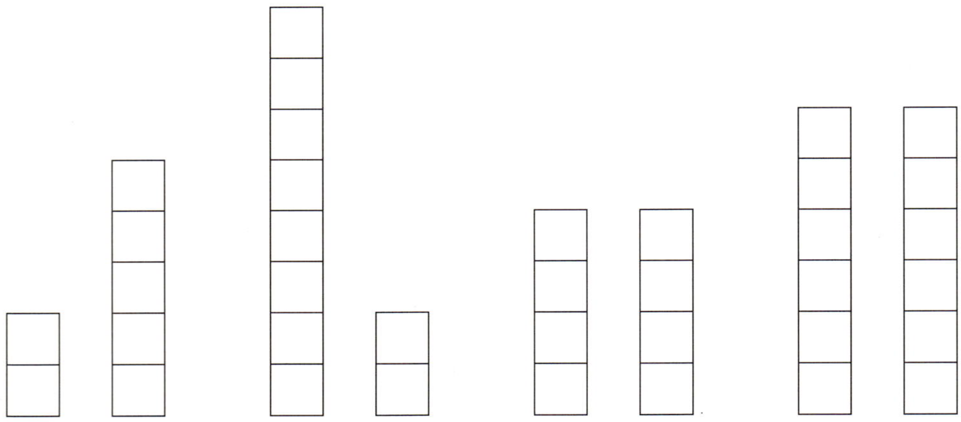

□ ○ □ □ ○ □ □ ○ □ □ ○ □

4

2 < > oder =?

2 ○ 1 8 ○ 5 10 ○ 7 9 ○ 0 1 ○ 10

9 ○ 4 9 ○ 9 5 ○ 6 7 ○ 3 6 ○ 5

10

3 Ergänze die fehlenden Zahlen!

7 > □ 8 < □ □ > 5 □ > □

9 < □ 5 > □ □ < 1 □ < □

8

4 Wie viel fehlt?

6
2 +
1 +
3 +
5 +

9
0 +
2 +
+ 4
+ 3

7
2 + + 3
+ 3 + 1
2 + + 1
5 + 2 +

12

Du hast von 34 Punkten ________ erreicht. ______________________________

Unterschrift eines Erziehungsberechtigten

Name: ______________________________	1. Klasse	Lernzielkontrolle

1 Ergänze die fehlenden Zahlen und Zeichen **< > =**!

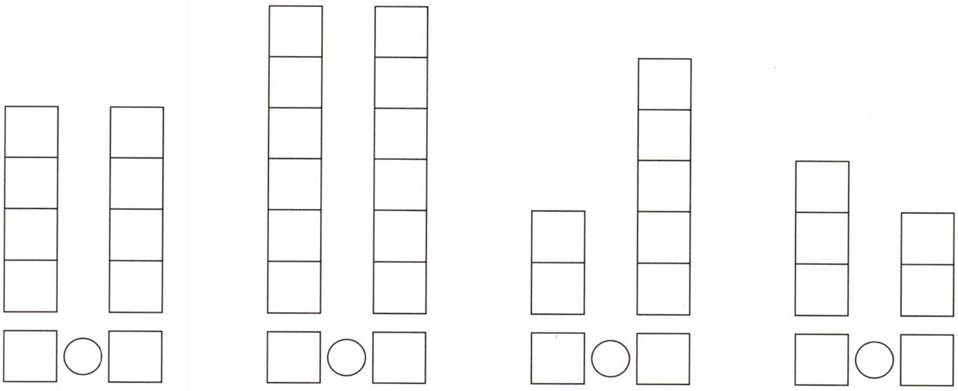

4

2 < > oder =?

7 ◯ 3   10 ◯ 7   5 ◯ 6   8 ◯ 5   6 ◯ 5

1 ◯ 10   9 ◯ 4   2 ◯ 7   9 ◯ 9   9 ◯ 0

10

3 Ergänze die fehlenden Zahlen!

8 < ☐   7 > ☐   ☐ < 1   ☐ < ☐

5 > ☐   9 < ☐   ☐ > 5   ☐ > ☐

8

4 Wie viel fehlt?

6
5 +
3 +
1 +
2 +

9
+ 3
2 +
0 +
+ 4

7
2 +   + 3
2 +   + 4
+ 3 + 4
5 +   2 +

12

Du hast von 34 Punkten ________ erreicht. ______________________________

Unterschrift eines Erziehungsberechtigten

Name:	1. Klasse	Mathematik

Ordnungszahlen

❶

❷ Schreibe zu jedem Bild die richtige Ordnungszahl!

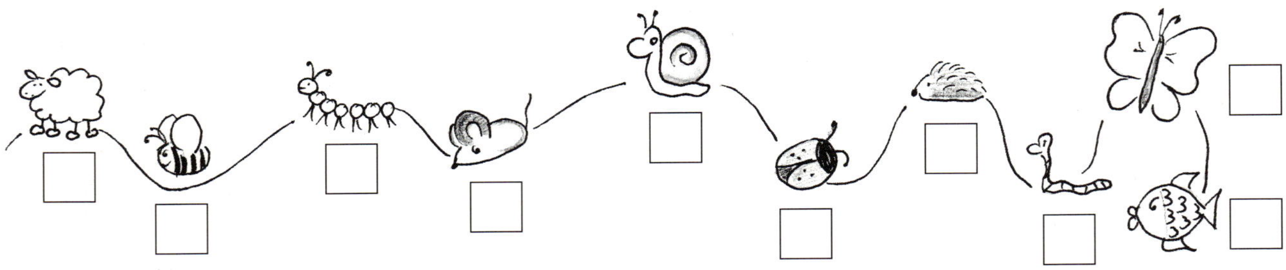

❸ Male jeweils das richtige Bild!

5.	8.	3.	7.	10.
2.	1.	9.	6.	4.

❹ Male aus: 1., 5. und 10. Fisch blau
2., 4. und 8. Fisch grün
3., 6. und 9. Fisch rot

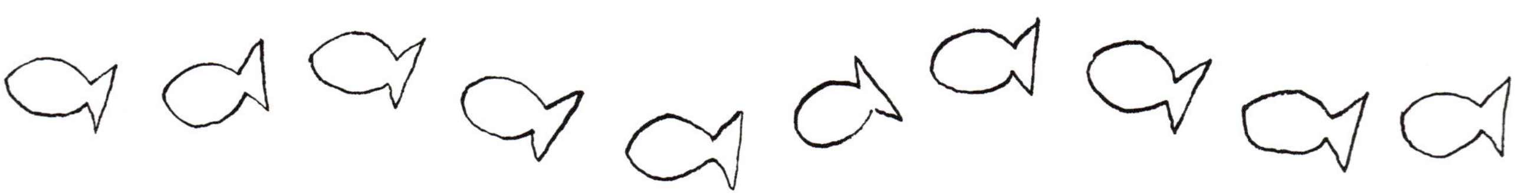

Welcher Fisch bleibt weiß? ☐

Name:	1. Klasse	Mathematik

Vorgänger, Nachfolger

1 Ergänze!

2

1	2	
	3	

	5	
	9	

	7	
	1	

	4	
	6	

3

V	Z	N
	2	
	7	
	5	
	9	
	6	
	1	
	4	
	3	

V	Z	N
5		
		6
1		
3		
		10
0		
		7
		9

4

8 + 1 = ☐	8 – 1 = ☐
5 + 1 = ☐	5 – 1 = ☐
7 + 1 = ☐	7 – 1 = ☐
3 + 1 = ☐	3 – 1 = ☐
9 + 1 = ☐	9 – 1 = ☐
6 + 1 = ☐	6 – 1 = ☐
4 + 1 = ☐	4 – 1 = ☐
2 + 1 = ☐	2 – 1 = ☐
1 + 1 = ☐	1 – 1 = ☐

Name: ______________________	1. Klasse	Mathematik

Plus ⊕

2 + □ = □

1

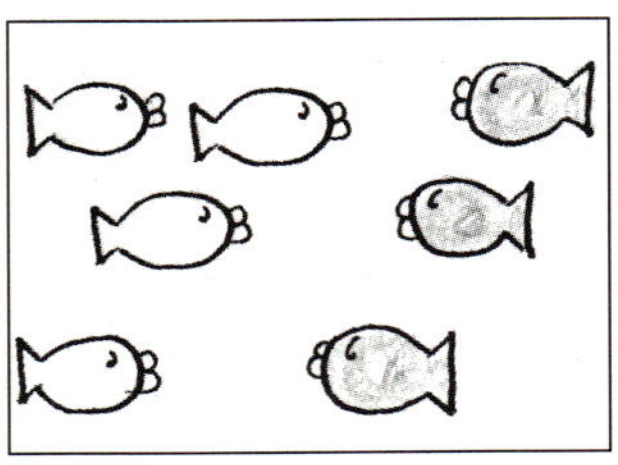

□ ○ □ = □

□ ○ □ = □

□ ○ □ = □

2

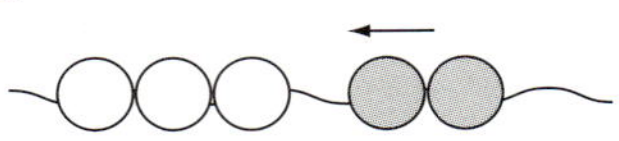

□ ○ □ = □

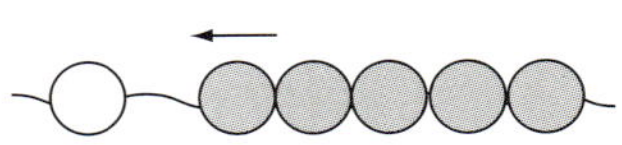

□ ○ □ = □

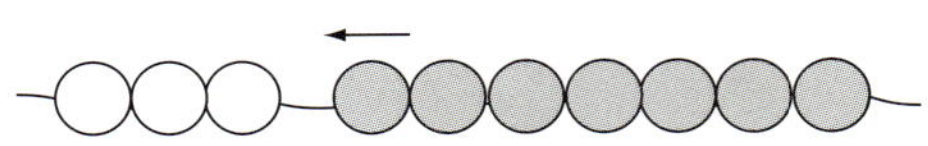

□ ○ □ = □

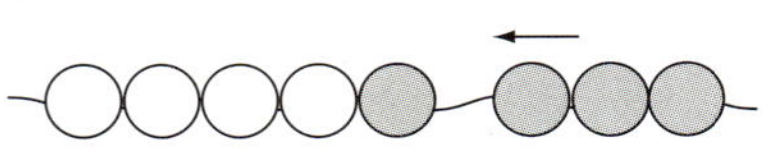

□ ○ □ = □

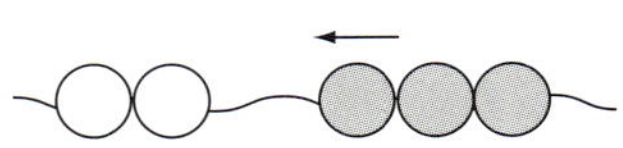

□ ○ □ = □

□ ○ □ = □

3

3 + 2 = □	3 + 5 = □	0 + 6 = □	2 + □ = 10
2 + 7 = □	4 + 3 = □	4 + 0 = □	3 + □ = 8
5 + 4 = □	3 + 3 = □	0 + 5 = □	5 + □ = 5
3 + 6 = □	4 + 5 = □	1 + 5 = □	□ + 3 = 10
2 + 8 = □	2 + 6 = □	5 + 5 = □	□ + 4 = 9

Name: ______________________	1. Klasse	Mathematik

Zusammenzählen

❶ Zeichne und rechne!

3 + 5 = ☐ 5 + 3 = ☐ 5 + 4 = ☐ 4 + 6 = ☐

2 + 4 = ☐ 3 + 5 = ☐ 5 + 4 = ☐ 7 + 0 = ☐

❷

☐ ○ ☐ = ☐ ☐ ○ ☐ = ☐ ☐ ○ ☐ = ☐ ☐ ○ ☐ = ☐

☐ ○ ☐ = ☐ ☐ ○ ☐ = ☐ ☐ ○ ☐ = ☐ ☐ ○ ☐ = ☐

❸

☐ ○ ☐ = ☐ ☐ ○ ☐ = ☐ ☐ ○ ☐ = ☐ ☐ ○ ☐ = ☐

❹

3 + 4 = ☐ 2 + 6 = ☐ 3 + 4 = ☐ 4 + 5 = ☐

2 + 5 + 3 + 0 = ☐

0 + 2 + 4 + 3 = ☐

3 + 6 + 1 = ☐

5 + 0 + 5 + 0 = ☐

Name: ____________________	1. Klasse	Mathematik

Plusaufgaben

1

5 + 1 = □	4 + 0 = □	3 + 3 = □	4 + 3 = □
5 + 2 = □	4 + 1 = □	4 + 6 = □	2 + 5 = □
5 + 3 = □	4 + 2 = □	3 + 5 = □	6 + 3 = □
5 + 4 = □	4 + 3 = □	3 + 7 = □	4 + 6 = □
5 + 5 = □	4 + 4 = □	5 + 0 = □	3 + 6 = □

2

3 + 3 + 3 = □	3 + 4 + 3 = □	4 + 3 + 3 = □
2 + 2 + 2 = □	3 + 0 + 3 = □	2 + 3 + 5 = □
2 + 5 + 2 = □	5 + 1 + 4 = □	4 + 2 + 3 = □
1 + 8 + 1 = □	6 + 4 + 0 = □	2 + 2 + 4 = □

3

		3 + 3 ○ 2 + 5
2 + 3 ○ 5	6 + 0 ○ 0	0 + 7 ○ 7 + 0
4 + 2 ○ 5	5 + 4 ○ 10	2 + 8 ○ 3 + 7

4 Wohin schwimmen die Fische? Male sie passend aus!

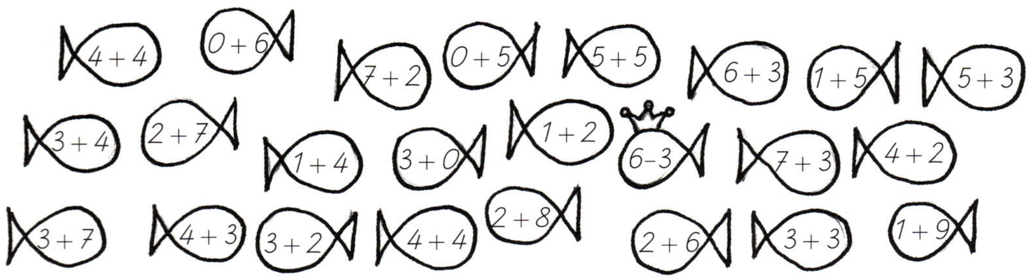

4 + 3 ○ 6
3 + 3 ○ 6
4 + 4 ○ 6

5 + 3 ○ 7
3 + 2 ○ 7
4 + 3 ○ 7

4 + 4 ○ 2 + 5
3 + 3 ○ 3 + 4
0 + 5 ○ 3 + 5

2 + 6 + 2 ○ 4
3 + 3 + 3 ○ 10
4 + 2 + 4 ○ 9

5 ○ 4 + 0 + 2
9 ○ 5 + 0 + 3
6 ○ 2 + 4 + 0

Name: ______________________________	1. Klasse	Lernzielkontrolle

1

$2+4=\square$ $4+5=\square$ $3+4=\square$ $6+0=\square$

$6+3=\square$ $2+8=\square$ $2+5=\square$ $5+5=\square$

8

2

$2+2+6=\square$ $6+0+3=\square$ $5+0+3=\square$

$1+3+4=\square$ $4+2+3=\square$ $2+2+4=\square$

6

3 > < =

$3+4 \bigcirc 8$ $10 \bigcirc 7+3$ $3+3 \bigcirc 6+0$

$4+5 \bigcirc 6$ $9 \bigcirc 4+4$ $2+6 \bigcirc 1+7$

$0+4 \bigcirc 0$ $7 \bigcirc 2+4$ $0+10 \bigcirc 1+9$

9

4

6
2 +
+ 0
1 +
3 +

9
4 +
+ 2
8 +
+ 3

7
3 +
+ 1
+ 5
7 +

$6+1+0+2+1=\square$

$3+0+2+1+4=\square$

12

Du hast von 35 Punkten ________ erreicht. ______________________________
Unterschrift eines Erziehungsberechtigten

Name: ____________________	1. Klasse	Lernzielkontrolle

1

$2 + 8 = \square$ $6 + 3 = \square$ $5 + 5 = \square$ $2 + 5 = \square$

$4 + 5 = \square$ $2 + 4 = \square$ $6 + 0 = \square$ $3 + 4 = \square$

8

2

$1 + 3 + 4 = \square$ $4 + 2 + 3 = \square$ $2 + 2 + 4 = \square$

$2 + 2 + 6 = \square$ $6 + 0 + 3 = \square$ $5 + 0 + 3 = \square$

6

3 > < =

$4 + 5 \bigcirc 6$ $9 \bigcirc 4 + 4$ $2 + 6 \bigcirc 1 + 7$

$0 + 4 \bigcirc 0$ $7 \bigcirc 2 + 4$ $0 + 10 \bigcirc 1 + 9$

$3 + 4 \bigcirc 8$ $10 \bigcirc 7 + 3$ $3 + 3 \bigcirc 6 + 0$

9

4

6
3 +
1 +
+ 0
2 +

9
8 +
+ 3
4 +
+ 2

7
+ 5
7 +
3 +
+ 1

$1 + 6 + 2 + 0 + 1 = \square$

$2 + 0 + 1 + 3 + 4 = \square$

12

Du hast von 35 Punkten ________ erreicht. ______________________________

Unterschrift eines Erziehungsberechtigten

Name: ______________________	1. Klasse	Mathematik

Tauschaufgaben

2 + 3 = ☐

T: 3 + 2 = ☐

❶

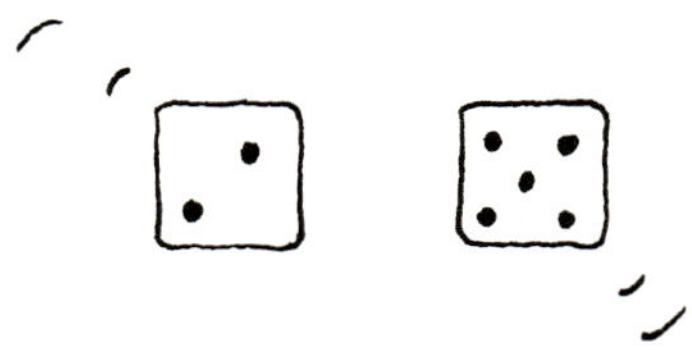

3 + 4 = ☐ T: ☐ + ☐ = ☐

☐ + ☐ = ☐ T: ☐ + ☐ = ☐

☐ + ☐ = ☐ T: ☐ + ☐ = ☐

❷

3 + 5 = ☐ T: ☐ + ☐ = ☐

4 + 6 = ☐ T: ☐ + ☐ = ☐

2 + 7 = ☐ T: ☐ + ☐ = ☐

3 + 6 = ☐ T: ☐ + ☐ = ☐

❸ Male Aufgaben und Tauschaufgabe in der gleichen Farbe aus und rechne!

3 + 5 =

7 + 3 =

2 + 6 =

0 + 6 =

4 + 6 =

5 + 3 =

3 + 7 =

6 + 2 =

6 + 0 =

6 + 4 =

Name: ______________________	1. Klasse	Mathematik

Mit Tauschaufgaben geht es leichter

1

2 + ☐ = ☐
T: ☐ + ☐ = ☐

☐ + ☐ = ☐
T: ☐ + ☐ = ☐

☐ + ☐ = ☐
T: ☐ + ☐ = ☐

2

2 + 7 = ☐
T: ☐ + ☐ = ☐

0 + 5 = ☐
T: ☐ + ☐ = ☐

3 + 6 = ☐
T: ☐ + ☐ = ☐

1 + 8 = ☐
T: ☐ + ☐ = ☐

3

2 + 4 = ☐ ↪ T: ______________
4 + 6 = ☐ ↪ T: ______________
2 + 6 = ☐ ↪ T: ______________

1 + 5 = ☐ ↪ T: ______________
0 + 6 = ☐ ↪ T: ______________
3 + 5 = ☐ ↪ T: ______________

4 Verbinde Aufgabe und Tauschaufgabe!

2 + 4 = ☐ •	• 8 + 1 = ☐	3 + 4 = ☐ •	• ☐ + 1 = ☐
3 + 6 = ☐ •	• 4 + 2 = ☐	2 + 6 = ☐ •	• 4 + ☐ = ☐
1 + 8 = ☐ •	• 5 + 2 = ☐	1 + 7 = ☐ •	• ☐ + ☐ = 9
3 + 7 = ☐ •	• 7 + 3 = ☐	4 + 5 = ☐ •	• 6 + ☐ = ☐
2 + 5 = ☐ •	• 6 + 3 = ☐	2 + 8 = ☐ •	• 8 + ☐ = ☐

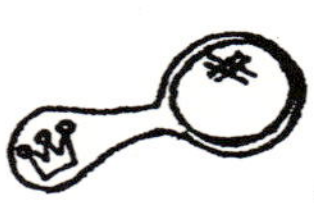

3 + 2 + 4 = ☐
1 + 6 + 3 = ☐
4 + 1 + 4 = ☐

5 + 0 + 5 + 0 = ☐
3 + 1 + 1 + 4 = ☐
3 + 0 + 1 + 6 = ☐

5 + 3 + 2 + 0 = ☐
3 + 3 + 3 + 0 = ☐
0 + 3 + 1 + 5 = ☐

2 + 2 + 3 + ☐ = 10
7 + 1 + ☐ + 1 = 10
3 + ☐ + 3 + 1 = 10

Name: ______________________	1. Klasse	Mathematik

Minus ⊖

5 ⊖ ☐ = ☐
minus

❶

5 ⊖ ☐ = ☐

☐ ⊖ ☐ = ☐

☐ ⊖ ☐ = ☐

❷

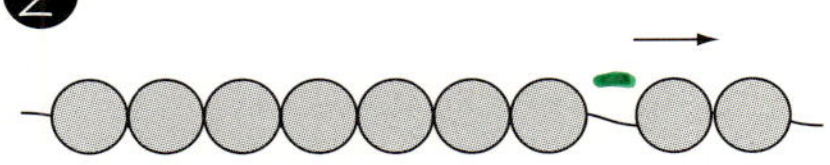

9 ⊖ 2 = ☐

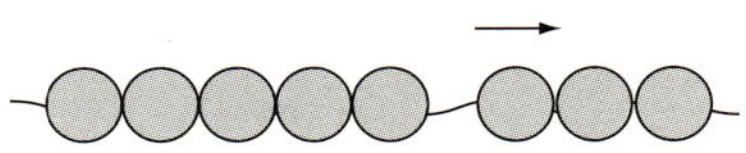

☐ ◯ ☐ = ☐

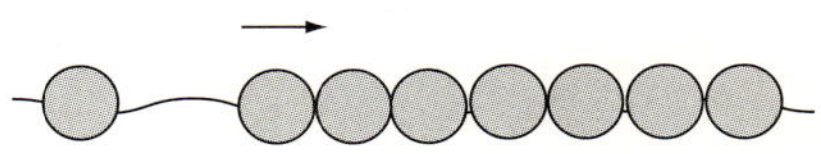

☐ ◯ ☐ = ☐

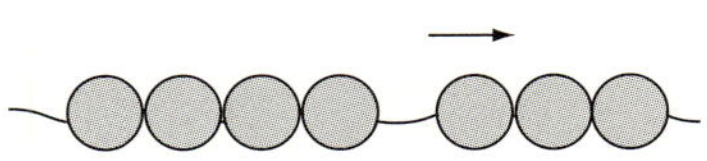

☐ ◯ ☐ = ☐

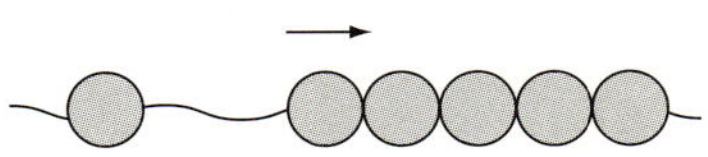

☐ ◯ ☐ = ☐

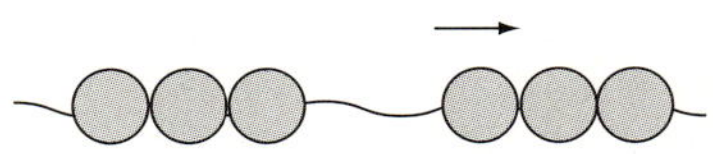

☐ ◯ ☐ = ☐

❸

7 − 2 = ☐	10 − 2 = ☐	5 − 4 = ☐	4 − ☐ = 3
6 − 5 = ☐	5 − 4 = ☐	9 − 5 = ☐	6 − ☐ = 1
9 − 5 = ☐	6 − 2 = ☐	6 − 3 = ☐	8 − ☐ = 1
10 − 6 = ☐	8 − 3 = ☐	10 − 0 = ☐	9 − ☐ = 9
8 − 7 = ☐	9 − 3 = ☐	8 − 8 = ☐	8 − ☐ = 0

Name: ____________________	1. Klasse	Mathematik

Abziehen

❶

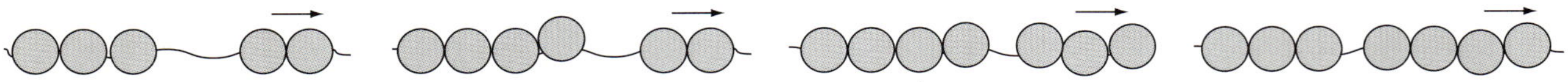

5 ⊖ 2 = ☐ ☐ ⊖ ☐ = ☐ ☐ ○ ☐ = ☐ ☐ ○ ☐ = ☐

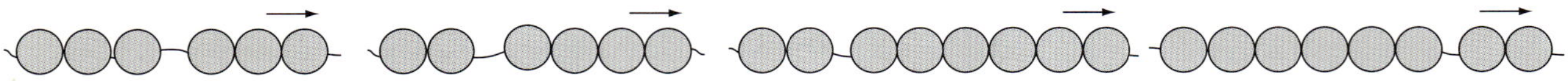

6 ⊖ 3 = ☐ 6 ○ 4 = ☐ ☐ ○ ☐ = ☐ ☐ ○ ☐ = ☐

❷ Male! Streiche durch und rechne!

8 − 2 = ☐ 8 − 4 = ☐ 8 − 5 = ☐

9 − 4 = ☐ 10 − 3 = ☐ 9 − 7 = ☐

❸

5 − 5 = ☐	8 − 3 = ☐	6 − 3 = ☐	8 − 6 = ☐
6 − 5 = ☐	8 − 4 = ☐	7 − 4 = ☐	10 − 5 = ☐
7 − 5 = ☐	8 − 5 = ☐	6 − 6 = ☐	9 − 4 = ☐
8 − 5 = ☐	8 − 0 = ☐	10 − 4 = ☐	10 − 9 = ☐
9 − 5 = ☐	8 − 7 = ☐	9 − 6 = ☐	7 − 0 = ☐

9 − 3 − 0 − 2 = ☐

4 + 2 − 3 + 7 = ☐

3 + 4 5 + 6 − 3 = ☐

8 − 4 − 2 + 2 = ☐

Name: ____________________	1. Klasse	Mathematik

Minusaufgaben

1

5 – 4 = ☐	7 – 0 = ☐	6 – 5 = ☐	9 – 4 = ☐
8 – 2 = ☐	9 – 2 = ☐	8 – 4 = ☐	4 – 4 = ☐
10 – 1 = ☐	5 – 5 = ☐	3 – 3 = ☐	10 – 8 = ☐
9 – 3 = ☐	9 – 8 = ☐	7 – 2 = ☐	8 – 7 = ☐

2 Wohin schwimmen die Fische? Male die Fische passend aus!

3

9 – 2 – 6 = ☐	10 – 2 – 2 = ☐	7 – 6 – 0 = ☐
8 – 3 – 1 = ☐	10 – 6 – 3 = ☐	9 – 3 – 6 = ☐

4

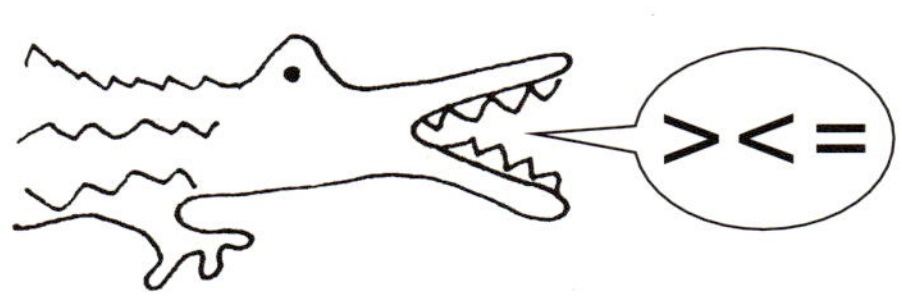

2 ○ 7 – 1	4 ○ 8 – 3	5 ○ 6 – 1
4 ○ 8 – 2	4 ○ 4 – 4	2 ○ 9 – 7
1 ○ 9 – 1	3 ○ 8 – 5	3 ○ 7 – 3
3 ○ 7 – 4	0 ○ 3 – 0	4 ○ 10 – 3

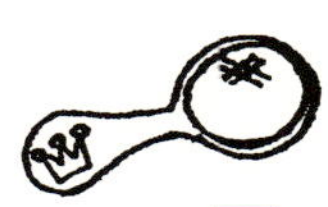

6 – 2 = ☐	6 – 2 – 2 = ☐	1 ○ 10 – 8
9 – 3 = ☐	7 – 3 – 3 = ☐	0 ○ 9 – 9
5 – 4 = ☐	10 – 1 – 7 = ☐	4 ○ 9 – 3
9 – 9 = ☐	9 – 3 – 3 = ☐	6 ○ 8 – 3
10 – 3 = ☐	8 – 6 – 2 = ☐	10 ○ 10 – 0
8 – 7 = ☐	5 – 4 – 0 = ☐	10 ○ 9 – 9
9 – 5 = ☐	7 – 3 – 2 = ☐	8 ○ 7 – 2
10 – 8 = ☐	10 – 5 – 5 = ☐	5 ○ 7 – 3
7 – 7 = ☐	8 – 1 – 7 = ☐	9 ○ 9 – 0
8 – 5 = ☐	5 – 2 – 2 = ☐	4 ○ 7 – 2
6 – 5 = ☐	10 – 6 – 2 = ☐	9 ○ 8 – 8

Name: ______________________________ **Lernzielkontrolle**

1

2 + 5 = ☐
4 + 3 = ☐
6 + 4 = ☐
5 + 3 = ☐

8 + 8 = ☐
9 − 0 = ☐
8 − 7 = ☐
6 − 3 = ☐

3 + 7 = ☐
10 − 2 = ☐
6 + 0 = ☐
9 − 5 = ☐

6

2

5 − 2 − 3 = ☐
2 + 7 + 1 = ☐

3 + 4 + 0 = ☐
8 − 4 − 2 = ☐

3 + 0 + 6 = ☐
10 − 3 − 2 = ☐

6

3 Schreibe die Tauschaufgabe und rechne!

2 + 7 = ☐
T: ☐ + ☐ = ☐

3 + 6 = ☐
T: ☐ + ☐ = ☐

1 + 9 = ☐
T: ☐ + ☐ = ☐

0 + 8 = ☐
T: ☐ + ☐ = ☐

8

4 < > oder = ?

2 ◯ 8 − 7
6 ◯ 6 − 6
7 ◯ 4 − 3

5 + 3 ◯ 6 − 2
2 + 5 ◯ 10 − 3
9 − 0 ◯ 5 − 4

6

Du hast von 26 Punkten ________ erreicht. ______________________________
Unterschrift eines Erziehungsberechtigten

Name: ______________________________	Lernzielkontrolle

1

2 + 5 = ☐	6 − 3 = ☐	9 − 5 = ☐	
6 + 4 = ☐	9 − 0 = ☐	6 + 0 = ☐	
4 + 3 = ☐	8 − 7 = ☐	10 − 2 = ☐	
5 + 3 = ☐	8 + 8 = ☐	3 + 7 = ☐	6

2

2 + + 1 = ☐	8 − 4 − 2 = ☐	10 − 3 − 2 = ☐	
5 − 2 − 3 = ☐	3 + 4 + 0 = ☐	3 + 0 + 6 = ☐	6

3 Schreibe die Tauschaufgabe und rechne!

2 + 7 = ☐
T: ☐ + ☐ = ☐

1 + 9 = ☐
T: ☐ + ☐ = ☐

0 + 8 = ☐
T: ☐ + ☐ = ☐

3 + 6 = ☐
T: ☐ + ☐ = ☐

8

4 < > oder = ?

2 ○ 8 − 7	5 + 3 ○ 6 − 2
7 ○ 4 − 3	9 + 0 ○ 5 − 4
6 ○ 6 − 6	2 + 5 ○ 10 − 3

6

Du hast von 26 Punkten ________ erreicht. ______________________________
Unterschrift eines Erziehungsberechtigten

Name: ______________________________	1. Klasse	Mathematik

Rechnen bis 10

1

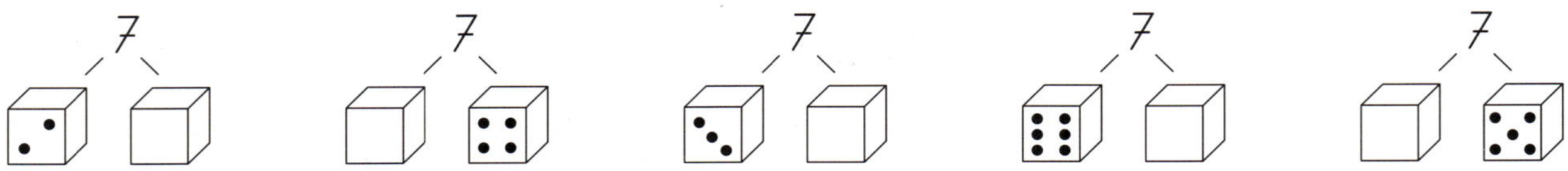

2

6	7	8	9	10
3 +	2 +	3 +	2 +	5 +
+ 2	+ 6	+ 6	+ 3	+ 3
5 +	5 +	8 +	5 +	+ 2
+ 0	4 +	+ 1	+ 0	4 +

3 Jede Maus bekommt einen Käse. Verbinde!

4

3 + 4 = □	7 − 5 = □	2 + 6 = □	7 − 2 − 2 = □
4 + 4 = □	7 − 6 = □	10 − 3 = □	8 + 0 + 1 = □
6 + 4 = □	7 − 0 = □	9 − 4 = □	7 − 4 + 7 = □
5 + 4 = □	7 − 4 = □	3 + 5 = □	3 + 4 − 7 = □

5

7 ◯ 4 + 2	3 + 2 ◯ 10 − 2	6 + 0 ◯ 5
6 ◯ 8 − 2	7 − 6 ◯ 8 − 6	8 − 5 ◯ 3
9 ◯ 9 − 0	2 + 5 ◯ 10 − 7	9 − 4 ◯ 6
7 ◯ 7 − 7	7 − 4 ◯ 7 − 3	7 − 0 ◯ 0

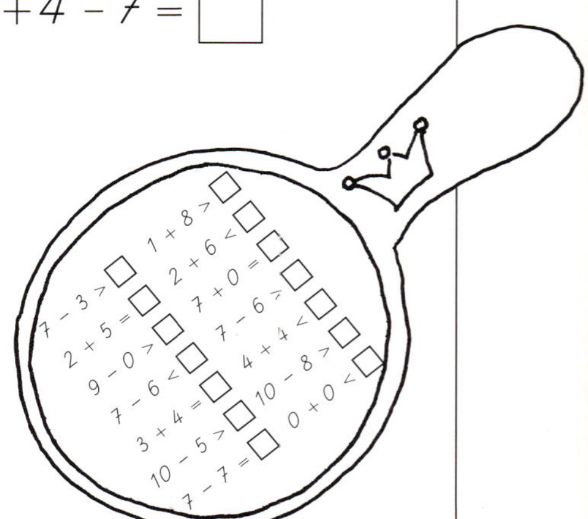

Name: ____________________	1. Klasse	Mathematik

Rechnen bis 10, kein Problem!

❶

1 + 5 = □	7 – 2 = □	6 – 2 = □	9 + 0 = □
2 + 5 = □	7 – 4 = □	3 + 7 = □	5 – 0 = □
3 + 5 = □	7 – 6 = □	3 – 3 = □	5 – 5 = □
4 + 5 = □	7 – 3 = □	2 + 6 = □	10 – 1 = □
5 + 5 = □	7 – 7 = □	7 – 0 = □	0 + 8 = □

❷ Schreibe beide Plus-Aufgaben!

2 + 5 = □	□ + □ = □	□ + □ = □
□ + □ = □	□ + □ = □	□ + □ = □

❸

3+4 ○ 1+6	7 – 3 ○ 4+4	0+6 ○ 7 – 6
10 – 2 ○ 2+8	6 – 6 ○ 7 – 6	3+7 ○ 7 – 7

❹

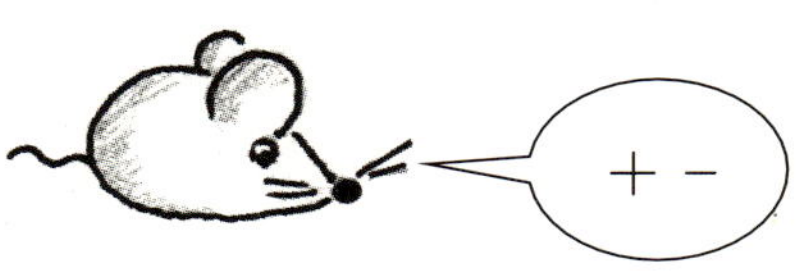

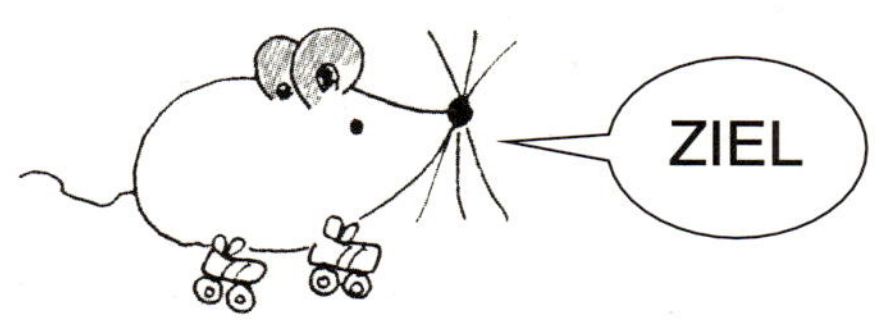

2 ⊕ 3 = 5	5 ○ 4 = 9	7 ○ 3 = 4	4 ○ 2 + 3 = 9
1 ○ 5 = 6	6 ○ 5 = 1	8 ○ 7 = 1	7 ○ 3 – 2 = 2
9 ○ 1 = 10	7 ○ 7 = 0	10 ○ 3 = 7	3 ○ 5 ○ 8 = 0
0 ○ 7 = 7	7 ○ 6 = 1	3 ○ 4 = 7	7 ○ 5 ○ 2 = 4

Name: ______________________	1. Klasse	Mathematik

Für echte Rechenmäuse

1

$4 + 3 + 3 = \square$
$2 + 4 + 3 = \square$
$1 + 1 + 5 = \square$

$7 - 3 - 1 = \square$
$10 - 5 - 0 = \square$
$7 - 2 - 2 = \square$

$3 + 4 - 2 = \square$
$10 - 6 + 5 = \square$
$9 - 3 + 1 = \square$

2 Schreibe jede Aufgabe in das richtige Haus!

7

$2 + 5$ $1 + 8$ $3 + 6$ $4 + 5$ $1 + 6$ $3 + 4$ $2 + 7$ $5 + 2$

9

3

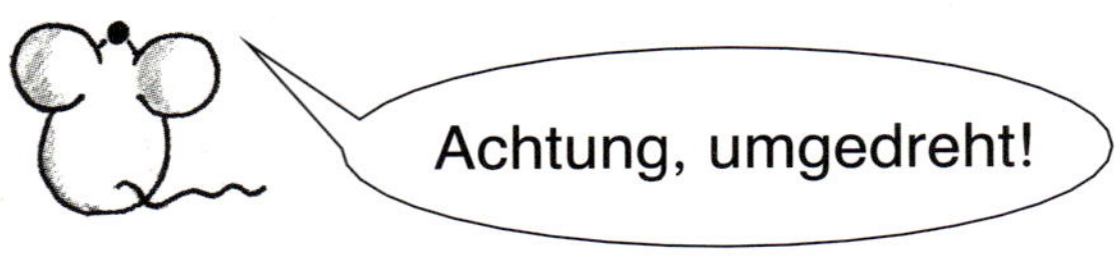

$8 = 6 + \square$
$8 = 1 + \square$
$8 = 5 + \square$

$7 = 4 + \square$
$7 = 5 + \square$
$7 = 1 + \square$

$5 = \square + 5$
$4 = \square + 3$
$6 = \square + 3$
$8 = \square + 4$
$9 = \square + 2$

$3 = \square + 3$
$4 = \square + 3$
$5 = \square + 3$
$6 = \square + 3$
$7 = \square + 3$

4

+	2	3	4	5
3				

–	1	2	3	4
5				

+	3	1	2
7			
4			

–	2	4	6	5
8				
7				

$7 - 2 - 1 = \square$
$7 + 2 + 1 = \square$
$3 + 3 + 4 = \square$
$7 - 7 - 0 = \square$
$2 + 5 + 0 = \square$
$5 + 2 - 7 = \square$
$6 + 4 - 7 = \square$
$5 + 5 - 7 = \square$
$3 + 4 - 7 = \square$
$6 + 2 - 7 = \square$
$7 + 0 - 7 = \square$

$7 = 2 + 4 + \square$
$9 = \square + 3 + 1$
$3 = 5 + 2 - \square$
$6 = 7 - \square + 0$
$5 = 7 - \square + 5$
$0 = 7 - 2 - \square$
$3 = 10 - 2 - \square$
$2 = 7 - 2 - \square$
$1 = 9 - 2 - \square$
$0 = 7 - 2 - \square$
$7 = 7 - 6 - \square$

Name: ______________________	1. Klasse	Mathematik

Im Rechenurwald

❶ Male jeweils die passenden Würfel aus!

(5) (9) (7) (9) (8)

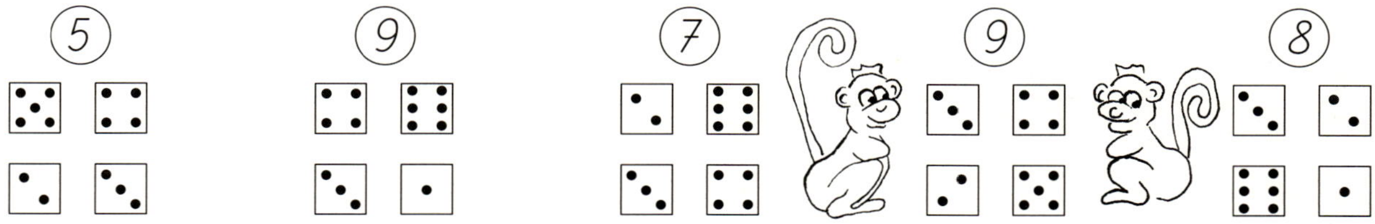

❷ Male alle Karten mit dem Ergebnis 8 aus!

5 + 2 | 9 − 1 | 10 − 1 | 4 + 4 | 9 − 3 | 10 − 3

3 + 5 | 4 + 3 | 8 − 3 | 2 + 6 | 5 + 3

8 + 0 | 8 − 0 | 4 + 5 | 8 − 7 | 10 − 2 | 8 − 8 | 0 + 8

❸

+	5	4	6
3			
4			

−	5	4	3
8			
10			

+			5
2	5		
3		7	

❹

9 = 4 + ☐	8 = 7 + ☐	9 = 4 + ☐	8 = ☐ + 4
10 = ☐ + 7	8 = ☐ + 3	10 = 2 + ☐	9 = ☐ + 4
8 = 3 + ☐	8 = 4 + ☐	8 = 3 + ☐	10 = ☐ + 4

Name: ______________________	1. Klasse	Mathematik

Plus und minus bis 10

❶ Male jeweils die passenden Würfel aus!

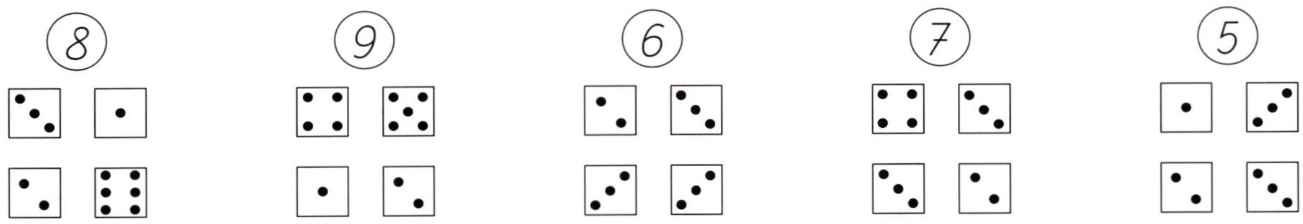

❷ Male alle Karten mit dem Ergebnis 9 aus!

5 + 4   2 + 7   9 − 5   6 + 3   7 + 2
9 − 8   0 + 9   4 + 5   9 − 0
3 + 6   7 + 1   1 + 8   9 − 9

❸

+	1	4		5
3			5	
5				
4				

−	3	6	5	
7				
9				2
8				

+			0
2		5	
4	9		
3			

❹

oder

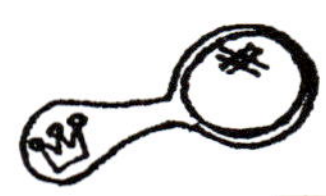

9 ◯ 9 = 0	3 ◯ 3 = 6	6 ◯ 2 ◯ 1 = 9
10 ◯ 1 = 9	7 ◯ 2 = 5	6 ◯ 3 ◯ 4 = 7
8 ◯ 1 = 7	4 ◯ 5 = 9	6 ◯ 2 ◯ 8 = 0
9 ◯ 3 = 6	3 ◯ 6 = 9	6 ◯ 3 ◯ 5 = 4

3 + 5 = ☐	2 + 8 = ☐
6 − 3 = ☐	5 + 3 = ☐
8 − 6 = ☐	9 − 6 = ☐
4 + 5 = ☐	9 + 0 = ☐
2 + 7 = ☐	8 − 7 = ☐
9 − 9 = ☐	7 + 2 = ☐
9 − 1 = ☐	6 + 3 = ☐
7 − 4 = ☐	8 − 5 = ☐
2 + 6 = ☐	3 + 7 = ☐
9 − 3 = ☐	9 − 2 = ☐
10 − 7 = ☐	0 + 9 = ☐

Name: ______________________	1. Klasse	Lernzielkontrolle

1

$3 + 3 = \square$ $\quad$ $5 + 3 = \square$ $\quad$ $8 - 7 = \square$

$8 - 2 = \square$ $\quad$ $5 - 3 = \square$ $\quad$ $7 - 7 = \square$

$5 + 2 = \square$ $\quad$ $7 - 3 = \square$ $\quad$ $6 - 0 = \square$

$6 - 3 = \square$ $\quad$ $4 + 2 = \square$ $\quad$ $0 + 7 = \square$

6

2

–	4	6
8		
6		

+	4	5	
1			
		8	6

10

3

$8 = 3 + \square$ $\quad$ $10 = 7 + \square$ $\quad$ $6 = \square + 4$ $\quad$ $7 = 5 + \square$

$7 = 1 + \square$ $\quad$ $7 = 7 + \square$ $\quad$ $9 = \square + 4$ $\quad$ $8 = \square + 2$

8

4 + oder – ?

$4 \bigcirc 3 = 1$ $\quad$ $1 \bigcirc 6 = 7$

$7 \bigcirc 2 = 5$ $\quad$ $5 \bigcirc 1 = 6$

4

5 < > oder = ?

$2 - 1 \bigcirc 4 - 0$ $\quad$ $4 + 2 - 3 \bigcirc 2 + 5$

$7 - 3 \bigcirc 5 + 1$ $\quad$ $2 + 2 + 2 \bigcirc 6$

4

Du hast von 32 Punkten ________ erreicht. ______________________

Unterschrift eines Erziehungsberechtigten

Name: ______________________	1. Klasse	Lernzielkontrolle

1

$5 + 2 = \square$ $4 + 2 = \square$ $0 + 7 = \square$

$6 - 3 = \square$ $7 - 3 = \square$ $6 - 0 = \square$

$3 + 3 = \square$ $5 - 3 = \square$ $7 - 7 = \square$

$8 - 2 = \square$ $5 + 3 = \square$ $8 - 7 = \square$

6

2

–	6	4
6		
8		

+	5	4	
3			
		5	4

10

3

$7 = 1 + \square$ $7 = 5 + \square$ $9 = \square + 4$ $6 = \square + 4$

$8 = 3 + \square$ $10 = 7 + \square$ $8 = \square + 2$ $7 = 7 + \square$

8

4 + oder – ?

$5 \bigcirc 1 = 6$ $7 \bigcirc 2 = 5$

$1 \bigcirc 6 = 7$ $4 \bigcirc 3 = 1$

4

5 < > oder = ?

$5+1 \bigcirc 7-3$ $2+2+2 \bigcirc 6$

$4-0 \bigcirc 2-1$ $4+2-3 \bigcirc 2+5$

4

Du hast von 32 Punkten ________ erreicht. ______________________

Unterschrift eines Erziehungsberechtigten

Name: ______________________	1. Klasse	Mathematik

Für echte Rechenprofis

❶

4 + 3 = □	9 − 1 = □	2 + 6 = □	2 + 6 = □
5 + 3 = □	9 − 3 = □	7 − 7 = □	9 − 8 = □
6 + 3 = □	9 − 5 = □	5 + 4 = □	10 − 6 = □
7 + 2 = □	9 − 7 = □	9 − 9 = □	4 + 5 = □

❷

7 = 2 + □	9 = 5 + □	5 = 1 + □	9 = □ + 3
10 = 2 + □	9 = 3 + □	6 = 3 + □	5 = □ + 5
6 = 2 + □	9 = 4 + □	10 = 4 + □	7 = □ + 3
9 = 2 + □	9 = 0 + □	8 = 2 + □	10 = □ + 0

❸

3 + 3 + 3 = □	0 + 9 − 0 = □	7 + 2 − 9 + 5 = □
4 + 2 + 4 = □	7 − 2 + 3 = □	10 − 7 + 5 + 2 = □
4 + 4 + 0 = □	5 + 5 − 9 = □	8 − 0 + 1 − 9 = □
2 + 5 + 2 = □	6 + 3 − 9 = □	6 + 3 − 7 + 6 = □
2 + 0 + 8 = □	7 − 5 + 8 = □	5 + 4 − 3 − 3 = □

❹

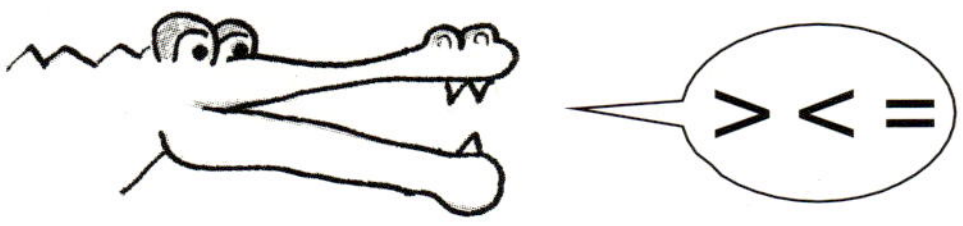

3 + 4 ○ 8	9 − 0 ○ 0	9 − 9 ○ 9 − 0	2 + 5 ○ 9 − 3
10 − 3 ○ 7	1 + 9 ○ 8	5 + 3 ○ 4 + 4	3 + 6 ○ 9 − 2

❺

6 + □ < 8	9 − □ < 7	10 − □ < 5	□ + 2 < 6
6 + □ = 8	9 − □ = 7	10 − □ = 5	□ + 2 = 6
6 + □ > 8	9 − □ > 7	10 − □ > 5	□ + 2 > 6

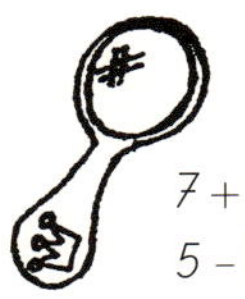

7 + □ > 9	3 + □ = 7	□ + 3 = 9	7 + □ > 8
5 − □ < 1	7 − □ = 0	□ − 5 < 4	□ − 8 < 2
4 + □ = 9	□ + 3 > 3	10 − □ = 1	□ − 7 < 2
9 − □ > 8	□ − 7 = 3	□ − 5 > 3	□ + 5 < 9

Name: ______________________	1. Klasse	Mathematik

Rechne dich fit!

1

9 − 7 = ☐	8 − 6 = ☐	2 + 7 = ☐	0 + 6 = ☐
6 + 3 = ☐	8 − 8 = ☐	7 − 2 = ☐	3 + 6 = ☐
5 − 4 = ☐	3 + 7 = ☐	4 + 4 = ☐	7 − 6 = ☐
5 + 4 = ☐	9 − 8 = ☐	4 − 0 = ☐	9 − 9 = ☐

2

9 − 2 − 1 = ☐	10 − 2 + 1 = ☐	5 + 4 − 6 = ☐
9 − 4 − 2 = ☐	10 − 7 + 4 = ☐	9 − 1 + 0 = ☐
9 − 0 − 1 = ☐	10 − 9 + 0 = ☐	3 + 4 − 7 = ☐
9 − 6 − 3 = ☐	10 − 8 + 2 = ☐	8 + 2 − 5 = ☐

3

+	3	2	4
2			
4			
6			

−	4	3	5
5			
7			
9			

−			
8	4		
6		3	0
10			

4 Verbinde Aufgabe und Tauschaufgabe! Rechne!

4 + 5 =	7 + 2 =	2 + 8 =	5 + 2 =
3 + 6 =	5 + 0 =	2 + 6 =	4 + 4 =
2 + 7 =	5 + 4 =	0 + 9 =	8 + 2 =
1 + 9 =	6 + 3 =	2 + 5 =	9 + 0 =
0 + 5 =	9 + 1 =	4 + 4 =	6 + 2 =

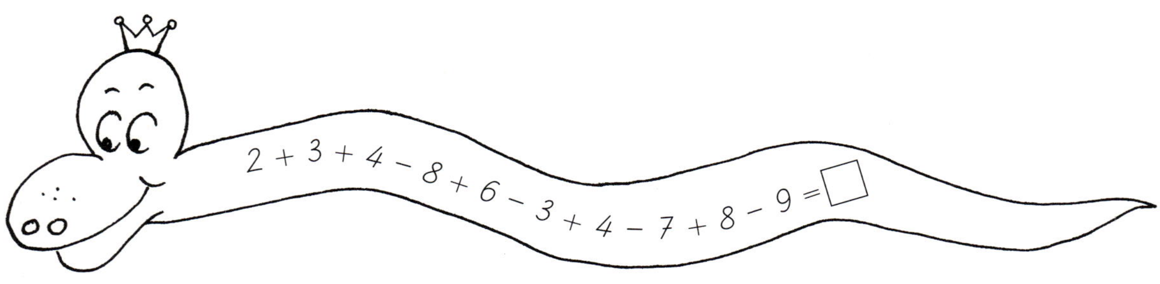

Name: ____________________	1. Klasse	Mathematik

Das schaffst du auch noch!

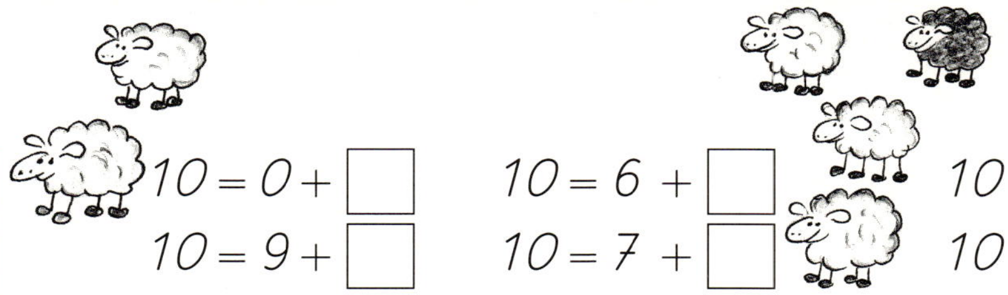

❶

10 = 5 + ☐	10 = 0 + ☐	10 = 6 + ☐	10 = 1 + ☐
10 = 2 + ☐	10 = 9 + ☐	10 = 7 + ☐	10 = 4 + ☐
10 = 3 + ☐	10 = 8 + ☐	10 = 10 + ☐	10 = ☐ + ☐

❷

10 – 2 = ☐	10 – 7 = ☐	10 – 1 = ☐	10 – 2 – 7 = ☐
10 – 5 = ☐	10 – 8 = ☐	10 – 6 = ☐	10 – 3 – 3 = ☐
10 – 3 = ☐	10 – 9 = ☐	10 – 4 = ☐	10 – 0 – 10 = ☐

❸ Male Aufgabe und Ergebnis in der gleichen Farbe aus!

10 – 2 | 5 | 6 | 0 | 10 – 1 | 7

10 – 4 | 10 – 0 | 10 | 10 – 5 | 9 | 10 – 8

8 | 2 | 10 – 10 | 10 – 3

❹

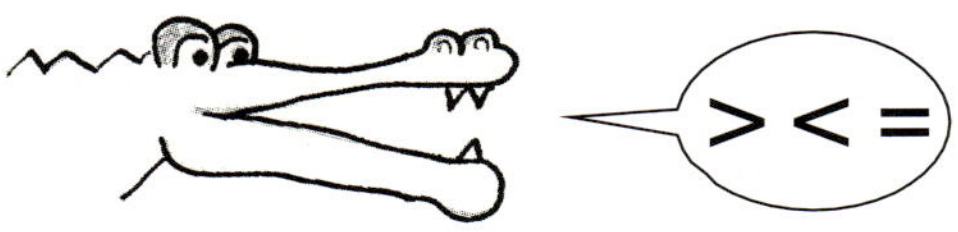

5 + 4 ○ 10	10 – 9 ○ 2	8 + 2 ○ 10 – 2	5 + 5 ○ 1 + 9
10 – 3 ○ 6	1 + 8 ○ 10	4 + 6 ○ 7 + 3	10 – 7 ○ 8 – 6
5 + 5 ○ 10	10 – 10 ○ 10	3 + 6 ○ 4 + 5	3 + 4 ○ 10 – 4

❺

5 + ☐ < 8	10 – ☐ < 7	9 – ☐ < 6	☐ + 9 < 10
5 + ☐ = 8	10 – ☐ = 7	9 – ☐ = 6	☐ + 9 = 10
5 + ☐ > 8	10 – ☐ > 7	9 – ☐ > 6	☐ + 9 > 10

Name: ______________________________	1. Klasse	Lernzielkontrolle

1

$10 - 9 = \square$ $9 - 4 = \square$ $9 - 7 = \square$ $8 - 8 = \square$

$6 + 3 = \square$ $3 + 7 = \square$ $5 + 3 = \square$ $7 - 5 = \square$

$10 - 4 = \square$ $8 - 7 = \square$ $1 + 7 = \square$ $0 + 9 = \square$

12

2

$1 + 8 + 1 = \square$ $5 - 5 + 9 = \square$ $7 - 5 + 6 = \square$

$2 + 5 + 2 = \square$ $7 - 2 + 3 = \square$ $6 + 3 - 9 = \square$

6

3

−	7	6
7		
10		

+	2	
5		10
3		

8

4 > < = ?

$10 - 8 \bigcirc 8$ $4 + 5 \bigcirc 9$ $10 - 2 \bigcirc 7 + 2$

$3 + 4 \bigcirc 6$ $8 - 0 \bigcirc 0$ $2 + 5 \bigcirc 9 - 3$

6

5

$9 - \square > 7$ $2 + \square < 9$ $10 - \square > 8$

$5 + \square < 7$ $8 - \square = 2$ $7 + \square < 9$

6

Du hast ◯ Minuten gebraucht.

Von 38 Punkten hast du ______ erreicht.

____
Unterschrift eines Erziehungsberechtigten

Name: ______________________	1. Klasse	Lernzielkontrolle

1

$3 + 7 = \square$ $6 + 3 = \square$ $7 - 5 = \square$ $5 + 3 = \square$

$9 - 4 = \square$ $10 - 9 = \square$ $8 - 8 = \square$ $9 - 7 = \square$

$8 - 7 = \square$ $0 + 9 = \square$ $10 - 4 = \square$ $1 + 7 = \square$

12

2

$2 + 5 + 2 = \square$ $7 - 2 + 3 = \square$ $6 + 3 - 9 = \square$

$1 + 8 + 1 = \square$ $5 - 5 + 9 = \square$ $7 - 5 + 6 = \square$

6

3

−	6	7
10		
7		

+	5	
3		5
5		

8

4 > < = ?

$3+4 \bigcirc 6$ $8-0 \bigcirc 0$ $2+5 \bigcirc 9-3$

$10-8 \bigcirc 8$ $4+5 \bigcirc 9$ $10-2 \bigcirc 7+2$

6

5

$5 + \square < 7$ $8 - \square = 2$ $7 + \square < 9$

$9 - \square > 7$ $2 + \square < 9$ $10 - \square > 8$

6

Du hast ◯ Minuten gebraucht.

Von 38 Punkten hast du ______ erreicht.

____
Unterschrift eines Erziehungsberechtigten

Name: ______________________	1. Klasse	Mathematik

Verdoppeln und Halbieren

1 Verdopple! Zeichne und rechne!

 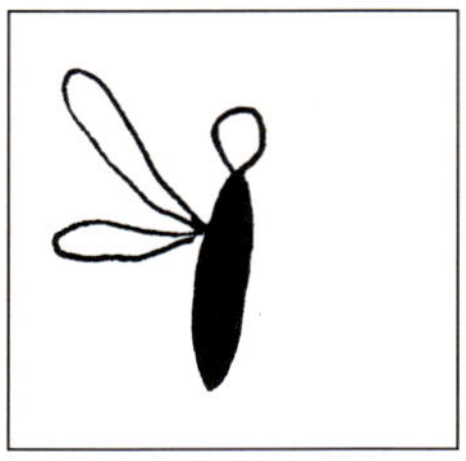 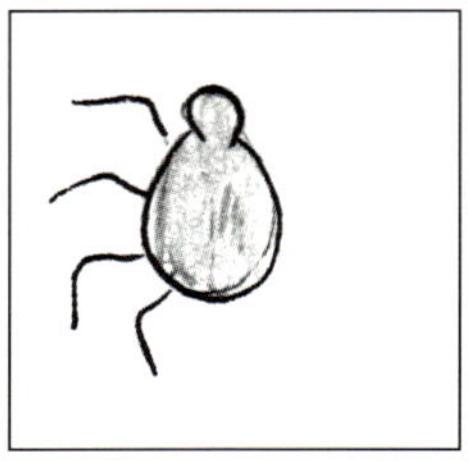 

☐ ◯ ☐ = ☐ ☐ ◯ ☐ = ☐ ☐ ◯ ☐ = ☐ ☐ ◯ ☐ = ☐

2 Zeichne und rechne!

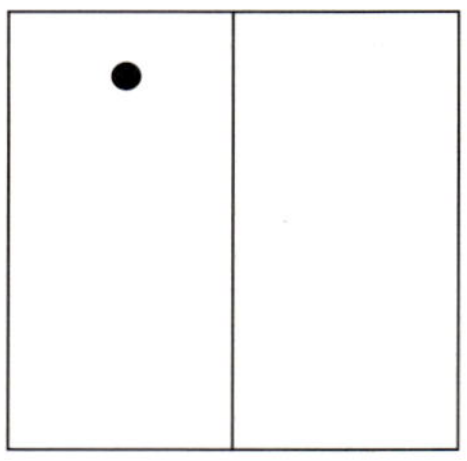 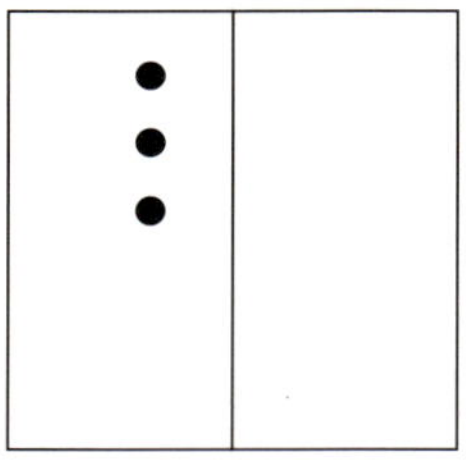 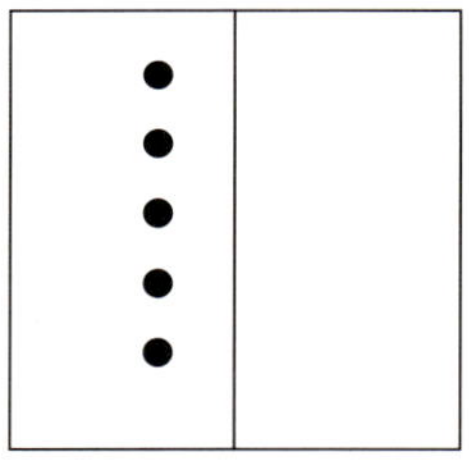 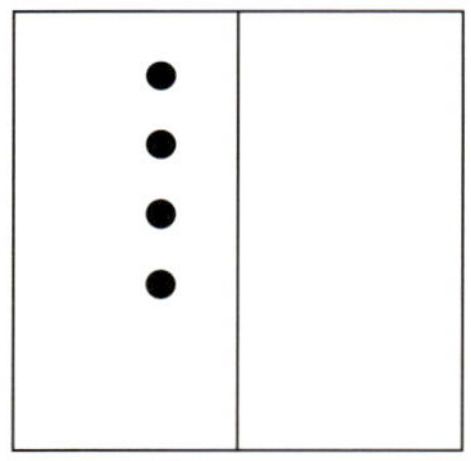

☐ ◯ ☐ = ☐ ☐ ◯ ☐ = ☐ ☐ ◯ ☐ = ☐ ☐ ◯ ☐ = ☐

3 Halbiere und rechne!

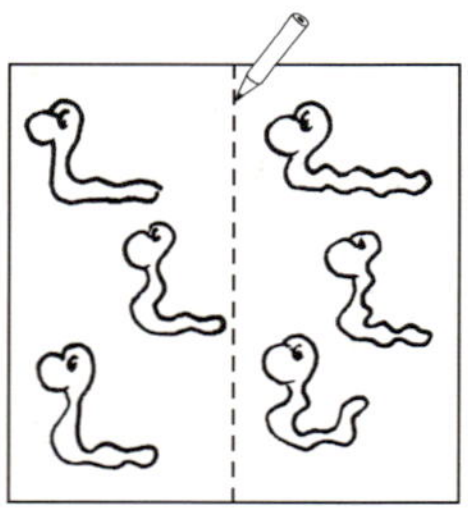   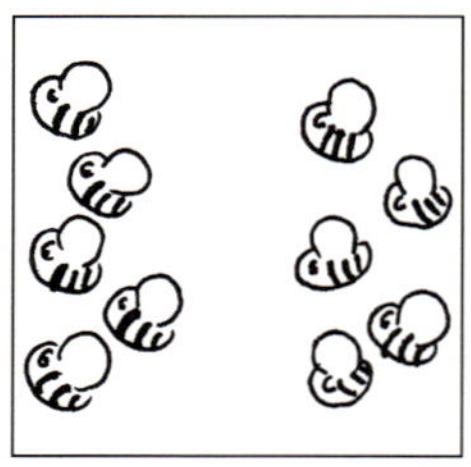

☐ ◯ ☐ = ☐ ☐ ◯ ☐ = ☐ ☐ ◯ ☐ = ☐ ☐ ◯ ☐ = ☐

4 Halbiere und rechne!

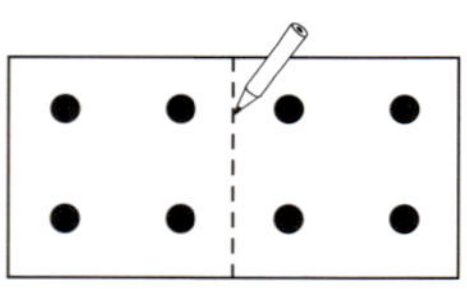 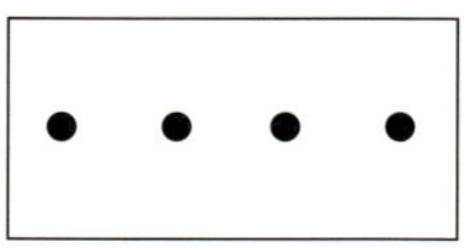 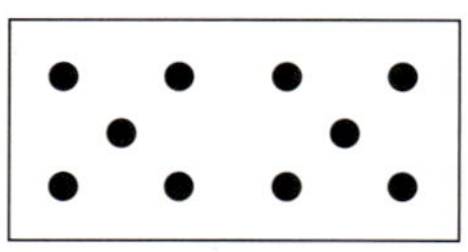 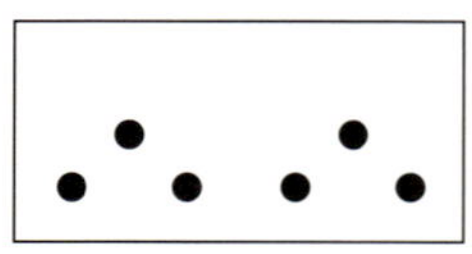

☐ ◯ ☐ = ☐ ☐ ◯ ☐ = ☐ ☐ ◯ ☐ = ☐ ☐ ◯ ☐ = ☐

Name: ______________________	1. Klasse	Mathematik

Die Hälfte, das Doppelte

❶ Verbinde!

1 ist die Hälfte von …

4 ist das Doppelte von …

1	6	4	1
3	10	6	3
2	2	2	5
5	6	10	4
4	4	8	2

❷

verdopple

3		2		4
	4		10	

halbiere

10		6		8
	1		5	

❸

Lilli hat 6 Bonbons. Max hat halb so viele.

Max hat ☐ Bonbons.

Max hat 4 €. Lilli hat doppelt so viel Geld.

Lilli hat ☐ €.

Mein Zahl ist das Doppelte von 3.

☐

Lillis Bruder ist 5 Jahre alt. Sie ist doppelt so alt.

Lilli ist ☐ Jahre.

Meine Zahl ist die Hälfte von 10.

☐

Meine Zahl ist um 5 größer als das Doppelte von 2.

☐

Name: ____________________	1. Klasse	Mathematik

Rechnen am Zahlenstrahl

(+)

1

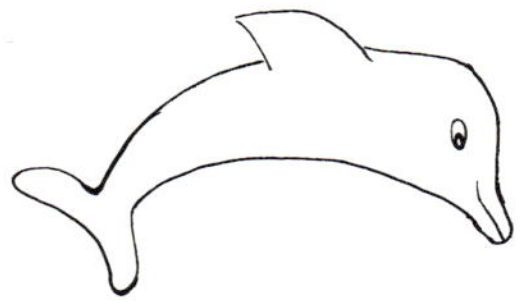

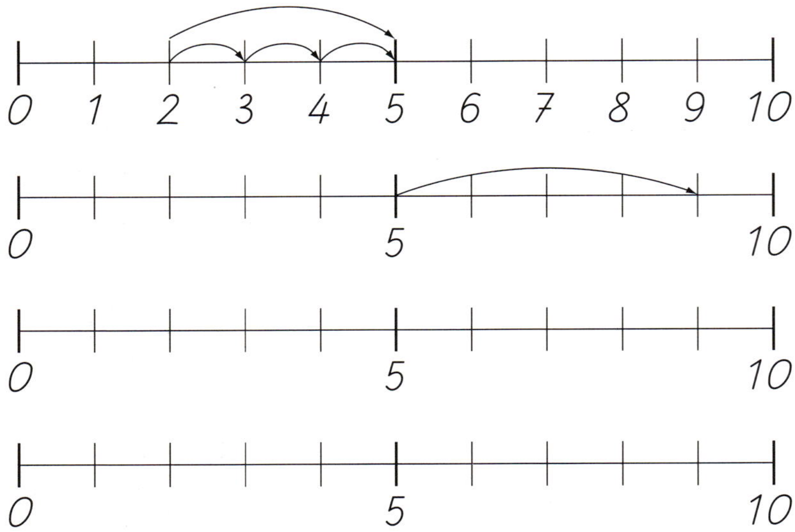

2 + 3 = ☐

☐ + ☐ = ☐

4 + 2 = ☐

2 + 5 = ☐

2 Zeige am Zahlenstrahl und rechne!

5 —(+3)→ ☐	2 —(+6)→ ☐	7 —(☐)→ 9	☐ —(+3)→ 9
2 —(+4)→ ☐	8 —(+1)→ ☐	2 —(☐)→ 7	☐ —(+2)→ 10
1 —(+7)→ ☐	0 —(+8)→ ☐	6 —(☐)→ 10	☐ —(+10)→ 10
3 —(+3)→ ☐	3 —(+4)→ ☐	0 —(☐)→ 7	☐ —(+5)→ 9
☐ —→ ☐	☐ —→ ☐	☐ —(☐)→ ☐	

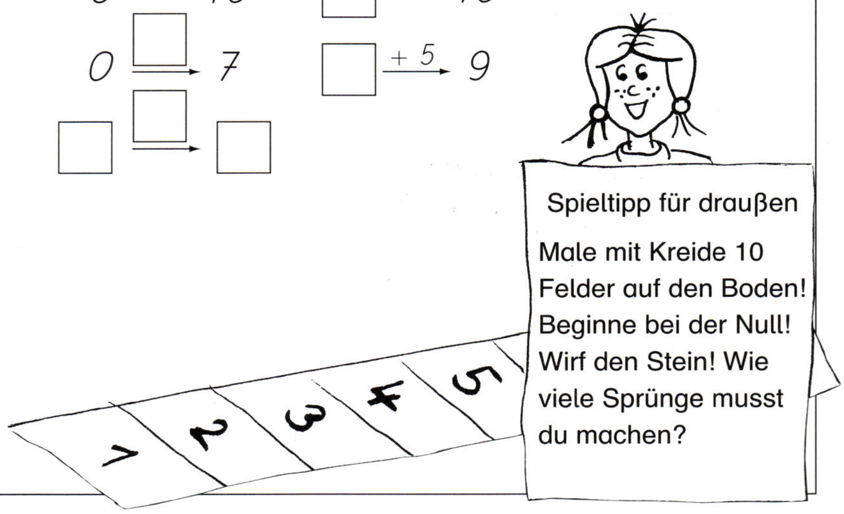

Name: ______________________________	1. Klasse	Mathematik

Rechnen am Zahlenstrahl

−

1

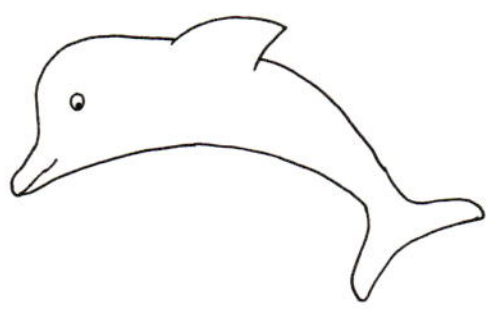

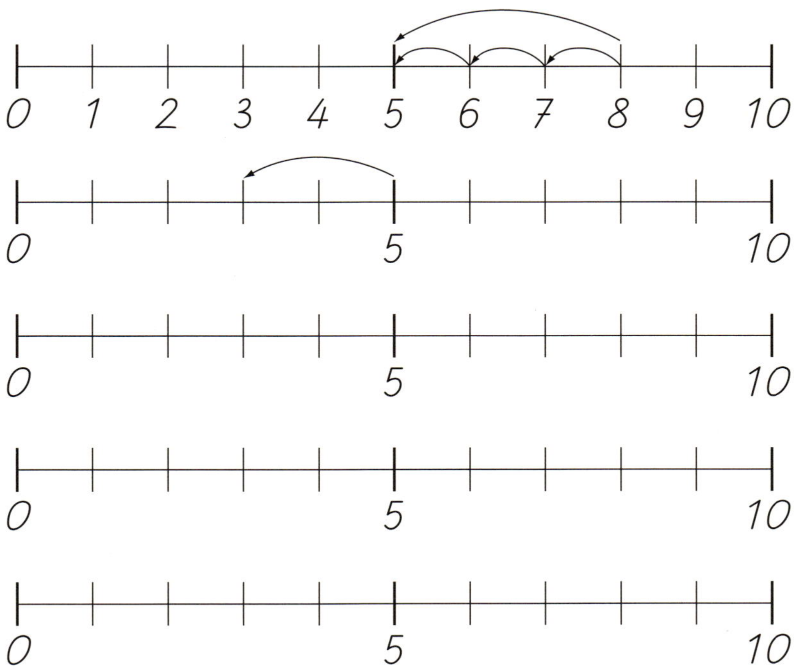

8 − 3 = □

□ − □ = □

7 − 4 = □

6 − 3 = □

10 − 5 = □

2 Zeige am Zahlenstrahl und rechne!

4 − □ = 2	10 − □ = 5	7 − □ = 2
6 − □ = 5	5 − □ = 2	10 − □ = 2
9 − □ = 6	5 − □ = 1	8 − □ = 2
10 − □ = 8	8 − □ = 3	9 − □ = 2
8 − □ = 7	9 − □ = 3	6 − □ = 2
7 − □ = 6	8 − □ = 6	5 − □ = 2
3 − □ = 0	9 − □ = 4	2 − □ = 2

Name: ______________________	1. Klasse	Mathematik

Umkehraufgaben

1 Wo springt der Delfin los?

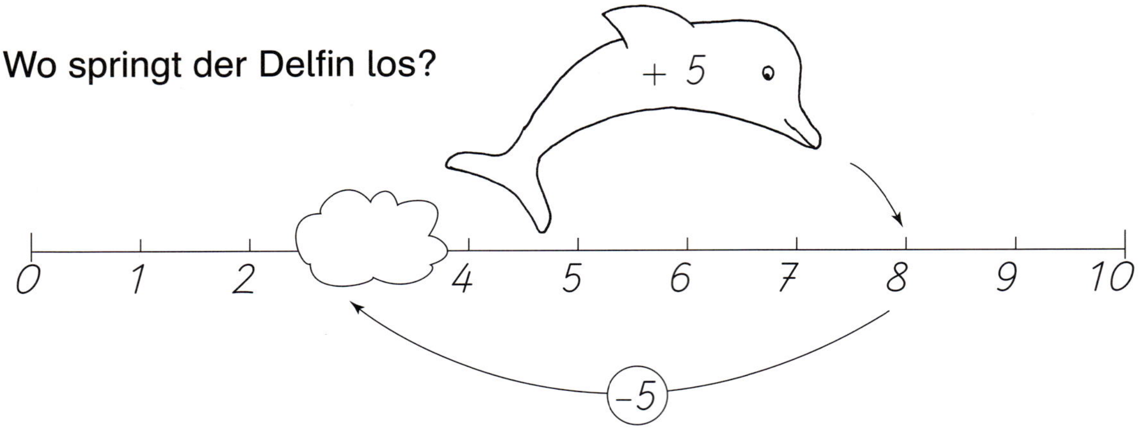

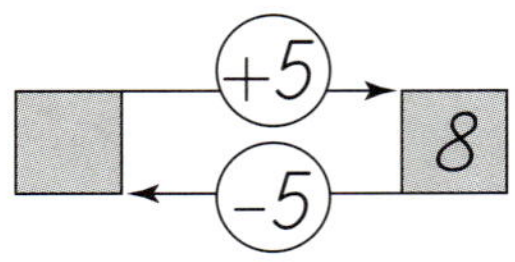

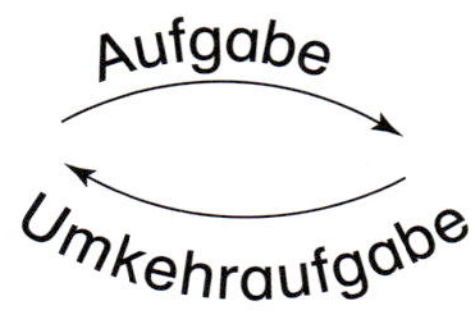

2

Aufgabe	Ergebnis	Umkehraufgabe
+3	6	
+1	4	
+4	9	
+5	7	
+7	9	
+4	7	

3

Aufgabe	Ergebnis	Umkehraufgabe
–3	4	
–5	4	
–2	7	
–6	2	
–3	4	
–5	5	

4

Aufgabe	Ergebnis	Umkehraufgabe
+6	10	
–9	1	
+8	10	

Name: ______________________	1. Klasse	Mathematik

Aufgabe und Umkehraufgabe

1

$2 + 5 = \square$ U: ______

$7 + 3 = \square$ U: ______

$4 + 4 = \square$ U: ______

$3 + 6 = \square$ U: ______

2

$7 - 4 = \square$ U: ______

$9 - 5 = \square$ U: ______

$6 - 4 = \square$ U: ______

$8 - 5 = \square$ U: ______

3

$4 + 6 = \square$ U: ______

$9 - 7 = \square$ U: ______

$8 - 8 = \square$ U: ______

$2 + 7 = \square$ U: ______

4 Verbinde Aufgabe und Umkehraufgabe und rechne!

$6 + 3 = 9$	$9 - 8 = \square$	$7 - 6 = \square$	$2 + 8 = \square$
$8 + 2 = \square$	$10 - 6 = \square$	$10 - 8 = \square$	$8 + 0 = \square$
$7 + 3 = \square$	$9 - 3 = \square$	$9 - 9 = \square$	$2 + 7 = \square$
$1 + 8 = \square$	$10 - 2 = \square$	$9 - 7 = \square$	$1 + 6 = \square$
$4 + 6 = \square$	$10 - 3 = \square$	$8 - 0 = \square$	$0 + 9 = \square$

Name: ______________________	1. Klasse	Mathematik

Rechnen mit Platzhaltern

1 Rechne zuerst die Umkehraufgabe!

□ + 3 = 6	9 − 1 = □	□ + 7 = 10	7 − 3 = □
□ + 2 = 7	8 − 3 = □	□ + 3 = 7	10 − 7 = □
□ + 1 = 9	7 − 2 = □	□ + 4 = 8	9 − 7 = □
□ + 5 = 10	6 − 3 = 3	□ + 9 = 10	10 − 9 = □
□ + 3 = 8	10 − 5 = □	□ + 7 = 9	8 − 4 = □

2

□ + 5 = 8 → U: 8 − ______

□ + 4 = 9 → U: ______

□ + 6 = 8 → U: ______

□ + 3 = 9 → U: ______

□ + 3 = 10 → U: ______

□ + 7 = 9 → U: ______

□ + 0 = 10 → U: ______

□ + 8 = 10 → U: ______

□ − 5 = 2 → U: 2 + ______

□ − 5 = 4 → U: ______

□ − 4 = 6 → U: ______

□ − 9 = 0 → U: ______

□ − 7 = 3 → U: ______

□ − 8 = 2 → U: ______

□ − 1 = 9 → U: ______

□ − 10 = 0 → U: ______

3

□ + 2 = 8	□ − 3 = 7	□ + 8 = 9
□ + 3 = 8	□ − 4 = 5	□ − 10 = 0
□ + 2 = 9	□ − 2 = 7	□ − 5 = 5
□ + 4 = 10	□ − 9 = 1	□ + 0 = 9
□ + 6 = 10	□ − 8 = 1	□ − 7 = 2

Name: ______________________	1. Klasse	Mathematik

Tausch- und Umkehraufgaben

1 Rechne Aufgabe und Tauschaufgabe!

$3 + 5 = \square$ T: ______

$2 + 6 = \square$ T: ______

$1 + 9 = \square$ T: ______

$3 + 7 = \square$ T: ______

$2 + 7 = \square$ T: ______

$0 + 8 = \square$ T: ______

2 Rechne Aufgabe und Umkehraufgabe!

$\square + 5 = 10$ → U: ______

$\square - 3 = 4$ → U: ______

$\square + 7 = 9$ → U: ______

$\square - 6 = 3$ → U: ______

$\square + 8 = 10$ → U: ______

$\square + 9 = 10$ → U: ______

3 Hier hilft dir die Umkehraufgabe!

(8 − 3 =)

$\square + 3 = 8$	$\square + 0 = 8$	$\square - 5 = 5$	$\square + 5 = 5$
$\square + 5 = 9$	$\square - 4 = 2$	$\square + 3 = 9$	$\square + 0 = 9$
$\square + 6 = 7$	$\square - 3 = 7$	$\square + 4 = 4$	$\square - 7 = 3$

Tauschaufgaben, Umkehraufgaben!

4 Suche immer 4 Aufgaben!

5 2 7	3 5 8	2 6 4	0 5 5
$5 + 2 = 7$	______	______	______
______	______	______	______
______	______	______	______
______	______	______	______

Name: ______________________	1. Klasse	Lernzielkontrolle

❶

3 + 4 = ☐ 10 – 9 = ☐ 3 + 7 = ☐ 4 + 5 = ☐

9 – 7 = ☐ 2 + 6 = ☐ 9 – 3 = ☐ 8 – 8 = ☐

8

❷ Rechne Aufgabe und Umkehraufgabe!

___ + 3 = 8 → U: ____________ ___ – 5 = 5 → U: ____________

___ – 8 = 1 → U: ____________ ___ + 6 = 6 → U: ____________

8

❸ Denke an die Umkehraufgabe!

___ + 5 = 7 ___ – 2 = 6 ___ + 7 = 7 ___ – 8 = 2

___ – 3 = 9 ___ + 1 = 10 ___ + 5 = 9 ___ – 0 = 5

___ + 6 = 8 ___ – 7 = 2 ___ – 3 = 0 ___ + 3 = 9

12

❹ Schreibe immer 4 Aufgaben!

3 4 7 5 4 9 8 10 2 0 5 5

____________ ____________ ____________ ____________

____________ ____________ ____________ ____________

____________ ____________ ____________ ____________

____________ ____________ ____________ ____________

16

Du hast von 44 Punkten ________ erreicht. ______________________

Unterschrift eines Erziehungsberechtigten

Name: ______________________	1. Klasse	Lernzielkontrolle

1

$2 + 6 = \square$ $9 - 7 = \square$ $8 - 8 = \square$ $3 + 7 = \square$

$10 - 9 = \square$ $3 + 4 = \square$ $4 + 5 = \square$ $9 - 3 = \square$

8

2 Rechne Aufgabe und Umkehraufgabe!

__ + 6 = 6 → U: ______________ __ – 8 = 1 → U: ______________

__ – 5 = 5 → U: ______________ __ + 3 = 8 → U: ______________

8

3 Denke an die Umkehraufgabe!

___ + 7 = 7 ___ + 5 = 7 ___ – 8 = 2 ___ – 2 = 6

___ + 5 = 9 ___ – 3 = 9 ___ – 0 = 5 ___ + 1 = 10

___ – 3 = 0 ___ + 6 = 8 ___ + 3 = 9 ___ – 7 = 2

12

4 Schreibe immer 4 Aufgaben!

3 4 7	5 4 9	8 10 2	0 5 5
______	______	______	______
______	______	______	______
______	______	______	______
______	______	______	______

16

Du hast von 44 Punkten ________ erreicht. ______________________________

Unterschrift eines Erziehungsberechtigten

Name: ______________________	1. Klasse	Mathematik

Rechenmaschine

5 + 2 = ☐

+2	
2	
4	
6	
8	

+4	
3	
6	
5	
4	

−3	
5	
7	
3	
9	

−5	
6	
9	
7	
10	

+3	
	7
	4
	6
	10

+6	
	10
	8
	7
	9

−2	
	4
	8
	3
	6

−5	
	2
	4
	0
	5

3	8
2	7
1	
5	

8	4
10	6
4	
7	

3	7
2	6
	5
	4

10	4
7	1
	0
8	

Name: ______________________	1. Klasse	Mathematik

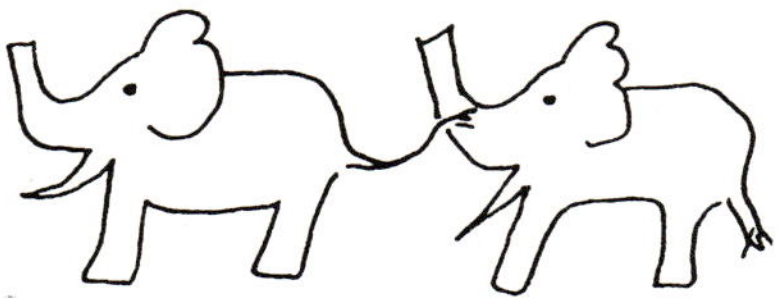

Rechenzirkus

1

3 + 2 = ___	8 – 3 = ___	3 + 7 = ___	7 – 2 = ___
8 + 2 = ___	4 + 6 = ___	6 – 1 = ___	4 – 4 = ___
3 + 3 = ___	9 – 4 = ___	9 – 1 = ___	3 + 5 = ___
5 – 2 = ___	6 – 3 = ___	2 + 4 = ___	2 + 7 = ___
10 – 4 = ___	0 + 7 = ___	10 – 6 = ___	5 – 0 = ___
7 – 5 = ___	5 – 5 = ___	6 – 5 = ___	10 – 9 = ___

2

2 rot
3 grün
4 blau

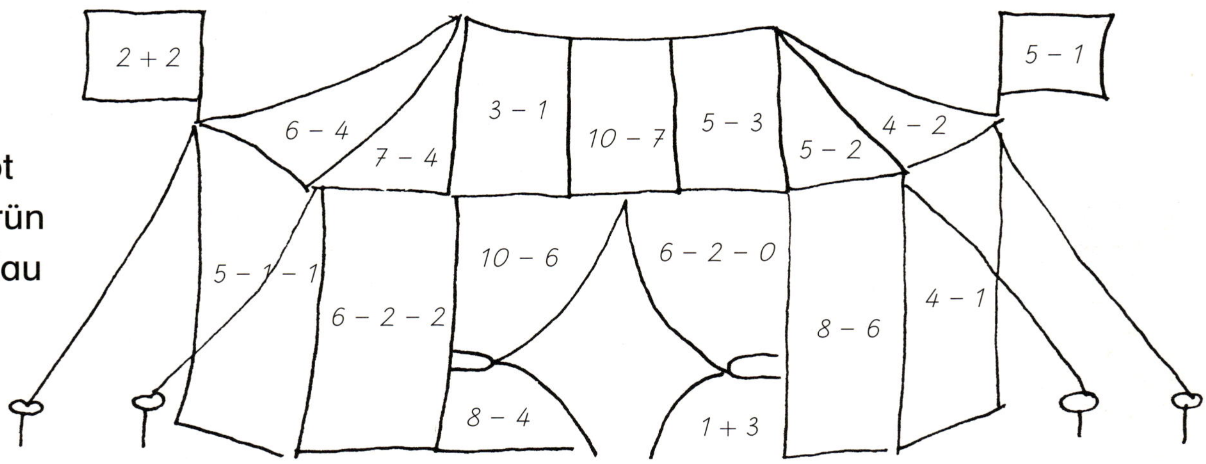

3

5 —(– 2)→ 3 —(+ 1)→ ☐ —(– 4)→ ☐ —(+ 6)→ ☐ —(– 3)→ ☐ —(+ 2)→ ☐ —(– 4)→ 1

6 —(– 4)→ ☐ —(+ 3)→ ☐ —(– 2)→ ☐ —(– 3)→ ☐ —(+ 2)→ ☐ —(+ 4)→ ☐ —(– 4)→ 2

3 —(+ 3)→ ☐ —(– 5)→ ☐ —(+ 3)→ ☐ —(– 2)→ ☐ —(+ 3)→ ☐ —(– 2)→ ☐ —(+ 0)→ 3

4

+ 4	
1	
4	
	10
0	

– 5	
5	
	4
6	
	2

+ 7	
2	
	10
0	
	9

– 6	
6	
	3
	1
10	

Name: ______________________	1. Klasse	Mathematik

Rechendschungel

$8 + \square = 4$

$8 - 4 = \square$

$7 + \square = 9$

$9 - \square = 7$

$4 + \square = 8$

$3 + \square = 8$

$2 + \square = 8$

$1 + \square = 8$

$7 + \square = 8$

$5 + \square = 8$

$\square + 7 = 9$

$\square + 6 = 9$

$\square + 5 = 9$

$\square + 4 = 9$

$\square + 3 = 9$

$\square + 2 = 9$

$7 + \square = 10$

$\square + 6 = 9$

$\square + 2 = 7$

$5 + \square = 10$

$7 + \square = 7$

$\square + 3 = 9$

$7 = 6 + \square$

$8 = \square + 3$

$10 = \square + 9$

$9 = 4 + \square$

$10 = 6 + \square$

$5 = 1 + \square$

$8 = 6 + \square$

$9 = 5 + \square$

$7 = 0 + \square$

$9 = 3 + \square$

$6 = \square + 3$

$5 = \square + 2$

$9 = \square + 7$

$8 = \square + 8$

$10 = \square + 4$

$9 = 7 + \square$

$10 = 3 + \square$

$6 = \square + 4$

$7 = 1 + \square$

$10 = \square + 2$

+3

	7
7	
	3
6	
	10

+6

	8
1	
	6
3	
	10

+5

2	
3	
	10
4	
	6

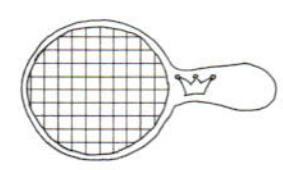

$2 + 3 + \square = 8$

$5 + 4 + \square = 9$

$4 + 2 + \square = 10$

$1 + \square + 7 = 9$

$3 + \square + 2 = 7$

$\square + 5 + 3 = 10$

$\square + 1 + 4 = 8$

$\square + 3 + 4 = 10$

Name: ______________________	1. Klasse	Mathematik

Weiter durch den Rechendschungel …

1

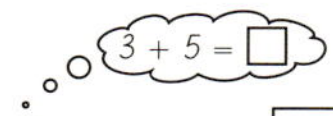

7 − □ = 4	4 − □ = 2	□ − 5 = 3	□ − 2 = 7
7 − □ = 2	8 − □ = 4	□ − 4 = 6	□ − 5 = 2
7 − □ = 0	10 − □ = 5	□ − 6 = 0	□ − 6 = 3
7 − □ = 3	6 − □ = 3	□ − 3 = 4	□ − 7 = 1
7 − □ = 6	2 − □ = 0	□ − 7 = 3	□ − 4 = 5

2

3 = 8 − □	6 = □ − 4	5 = 7 − □
5 = 9 − □	7 = □ − 1	9 = □ − 0
4 = 10 − □	2 = □ − 5	7 = □ − 3
7 = 9 − □	4 = □ − 4	8 = 10 − □
2 = 8 − □	3 = □ − 6	6 = □ − 2

3

− 2	
6	
8	
	3
7	

− 5	
7	
	5
	4
8	

− 3	
8	
	6
3	
	7

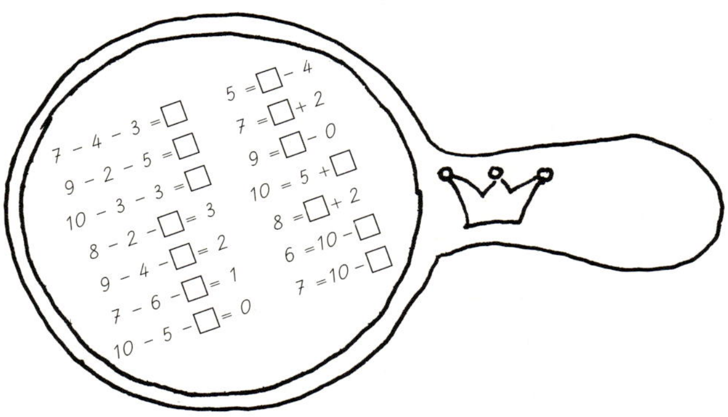

4

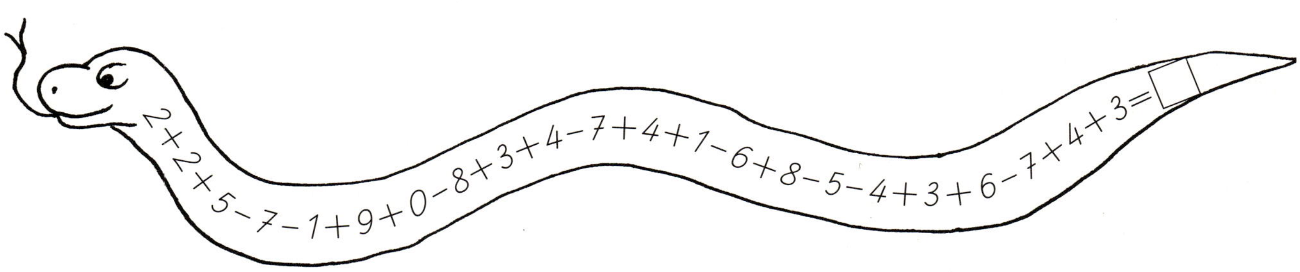

Name: ______________________	1. Klasse	Mathematik

Kannst du das nun?

5 + 2 = □ 7 + 2 = □ 9 + 0 = □ 1 + 8 = □
6 + 4 = □ 3 + 5 = □ 2 + 6 = □ 5 + 4 = □
3 + 6 = □ 1 + 9 = □ 7 + 3 = □ 0 + 8 = □
2 + 5 = □ 2 + 8 = □ 5 + 5 = □ 2 + 7 = □

10 – 3 = □ 10 – 4 = □ 7 – 5 = □ 10 – 7 = □
10 – 6 = □ 9 – 7 = □ 9 – 6 = □ 9 – 8 = □
10 – 9 = □ 8 – 6 = □ 8 – 0 = □ 10 – 8 = □
10 – 2 = □ 10 – 5 = □ 7 – 7 = □ 10 – 0 = □

10 – □ = 5 3 + □ = 10 □ + 2 = 10
□ + 5 = 9 □ + 3 = 7 7 – □ = 1
1 + □ = 10 □ – 3 = 7 6 – □ = 0
□ – 2 = 8 1 + □ = 9 □ + 9 = 9

7 + 3 – 5 = □ 5 + 4 – 9 = □ 2 + 4 + □ = 9
5 – 3 + 2 = □ 6 + 4 – 2 = □ □ + 2 + 2 = 10
8 – 7 + 0 = □ 3 + 7 – 8 = □ 3 + □ + 5 = 8

+	3	4
6		
5		

–	3	4
6		
4		

–	6	
10		5
	1	

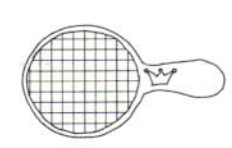

2 = 9 – □ 6 = 6 + □
4 = 0 + □ 4 = □ – 5
10 = □ + 7 9 = 3 + □
8 = □ – 2 10 = 10 – □
5 = □ + 0 3 = 8 – □
9 = 2 – □ 7 = □ + 7
8 = □ – 1 10 = □ + 1
3 = 9 – □ 9 = □ – 1
4 = □ – 3 5 = □ – 1
10 = 1 + □ 8 = □ – 1
9 = 1 + □ 6 = 7 – □
7 = 9 – □ 9 = 9 – □

7 + □ < 10 9 – □ > 6
6 + □ > 8 6 – □ < 2
□ + 4 < 7 5 – □ > 4

Name: ______________________	Lernzielkontrolle

1

$4 + 6 = \square$ $9 - 4 = \square$ $10 - 9 = \square$ $9 - 7 = \square$

$2 + 7 = \square$ $3 + 4 = \square$ $8 - 0 = \square$ $5 + 4 = \square$

$10 - 1 = \square$ $9 - 2 = \square$ $9 - 9 = \square$ $9 - 8 = \square$

6

2

$7 + \square = 10$ $\square + 7 = 7$ $2 + 3 + \square = 10$

$9 - \square = 6$ $7 - \square = 4$ $\square + 5 + 5 = 10$

$\square + 5 = 9$ $8 - \square = 2$ $3 + \square + 3 = 9$

$10 - \square = 10$ $4 + \square = 9$ $4 + 1 + \square = 9$

12

3

$6 + \square < 8$ $9 - \square < 7$ $7 - \square > 5$

$5 + \square < 6$ $8 - \square > 3$ $\square + 2 > 6$

6

4

−6	
9	
10	
8	
7	

−7	
8	
	3
9	
	0

8

5

+	3	
6		
4		8

−	4	7
10		
		1

8

Du hast ◯ Minuten gebraucht. Von 40 Punkten hast du ________ erreicht.

____

Unterschrift eines Erziehungsberechtigten

Name: ________________________________	Lernzielkontrolle

❶

$2 + 7 = \square$ $\quad 9 - 7 = \square$ $\quad 10 - 1 = \square$ $\quad 5 + 4 = \square$

$3 + 4 = \square$ $\quad 9 - 2 = \square$ $\quad 4 + 6 = \square$ $\quad 9 - 8 = \square$

$10 - 9 = \square$ $\quad 8 - 0 = \square$ $\quad 9 - 4 = \square$ $\quad 9 - 2 = \square$ 6

❷

$4 + \square = 9$ $\quad \square + 5 = 9$ $\quad \square + 5 + 5 = 10$

$8 - \square = 2$ $\quad 10 - \square = 10$ $\quad 3 + \square + 3 = 9$

$\square + 7 = 7$ $\quad 9 - \square = 6$ $\quad 4 + 1 + \square = 9$

$7 - \square = 4$ $\quad 7 + \square = 10$ $\quad 2 + 3 + \square = 10$ 12

❸

$5 + \square < 6$ $\quad 9 - \square < 7$ $\quad 7 - \square > 5$

$6 + \square < 8$ $\quad 8 - \square > 3$ $\quad \square + 2 > 6$ 6

❹

−6	
8	
7	
9	
10	

−7	
9	
	0
8	
	3

8

❺

+	4	
4		
6		9

−	4	
8		
10		3

8

Du hast ◯ Minuten gebraucht. Von 40 Punkten hast du ________ erreicht.

____

Unterschrift eines Erziehungsberechtigten

Name: ______________________	1. Klasse	Mathematik

Rechengeschichten

❶ ______________ hat 4 Bonbons. Er bekommt noch 5 Bonbons dazu.

Wir fragen: Wie viele Bonbons hat er nun?

Wir rechnen: ☐ ◯ ☐ ◯ ☐

Wir fragen: Er

❷ ______________ hat schon 8 Sätze geschrieben. Nun schreibt sie noch 2 Sätze.

Frage:

Rechnung: ☐ ◯ ☐ ◯ ☐

Antwort:

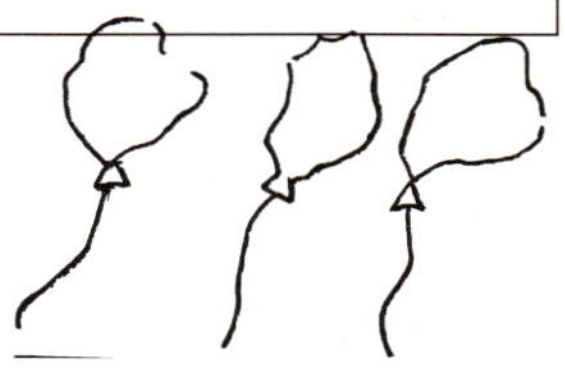

❸ ______________ hat 9 Luftballons. 3 davon platzen.

F:

R: ☐ ◯ ☐ ◯ ☐

A:

Ich suche eine Zahl.
Meine Zahl ist um 4 größer als die Zahl 3.

☐

Name: ______________________	1. Klasse	Mathematik

Lesen, denken, rechnen

❶ ______________ pflückt 2 rote und 6 gelbe Blumen.

F:

R: ☐ ◯ ☐ ◯ ☐

A:

❷ Michael hat 10 Autos. Er veschenkt 4 Autos.

F:

R: ☐ ◯ ☐ ◯ ☐

A:

❸ ______________ sagt: Ich bin 7 Jahre alt. Mein Bruder ist 2 Jahre älter.

F:

R: ☐ ◯ ☐ ◯ ☐

A:

Ich suche eine Zahl.
Meine Zahl ist das
Doppelte von 4.
☐

Meine Zahl ist die
Hälfte von 6.
☐

Name: ______________________	1. Klasse	Mathematik

Noch mehr Rechengeschichten

❶ ______________ hat 5 Sticker. Sie bekommt noch 4 Sticker dazu.

F:

R: ☐ ◯ ☐ ◯ ☐

A:

❷ ______________ hat 7 Autos. Er verschenkt 3 Autos.

F:

R: ☐ ◯ ☐ ◯ ☐

A:

❸ ______________ hat 4 rote Murmeln und 6 bunte Murmeln. 2 davon verschenkt sie.

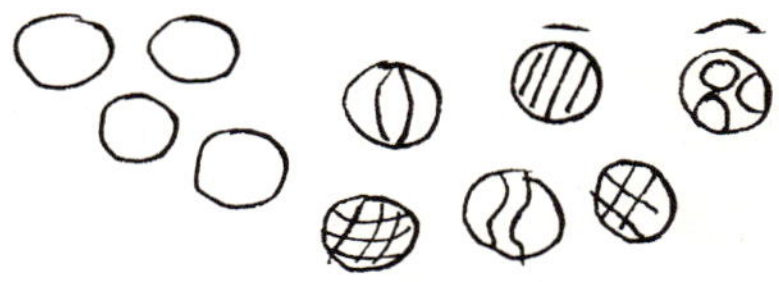

F:

R1: ☐ ◯ ☐ ◯ ☐   R2: ☐ ◯ ☐ ◯ ☐

A:

Ich suche eine Zahl.
Meine Zahl ist um 2 kleiner als die Hälfte von 10.

☐

Name:	1. Klasse	Mathematik

Köpfchen, Köpfchen

1 Zahlenmauern

	[ ]	
3	[ ]	
2	1	3

	[ ]	
[ ]	[ ]	
4	2	2

	[ ]	
[ ]	[ ]	
3	1	5

	9	
3	[ ]	
3	[ ]	[ ]

2 Zauberdreiecke

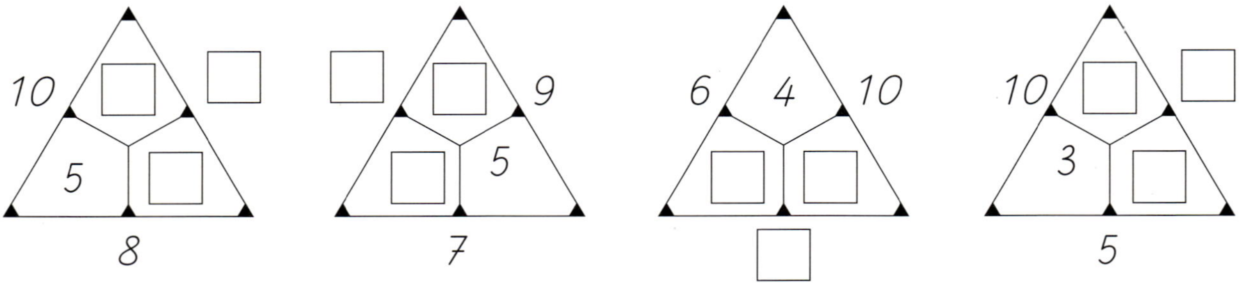

3 Zahlenrätsel

Meine Zahl ist um 5 größer als das Doppelte von 2. [ ]

Meine Zahl ist die Hälfte von 6 + 4. [ ]

Meine Zahl ist um 7 kleiner als das Doppelte von 4. [ ]

Wenn du zu meiner Zahl 7 dazuzählst, erhälst du das Doppelte von 5. [ ]

Wenn du von meiner Zahl 3 abziehst, erhälst du das Doppelte von 3. [ ]

Wenn du zu meiner Zahl 9 dazuzählst, erhälst du 9. [ ]

4 Hurra, ich bin nun ein

0	1	2	3	1	4	5	6	4	7	8

$7 + 3 - 2 =$ ___ G $3 + 3 - 5 =$ ___ E $2 + 7 - 4 =$ ___ K

$10 - 9 + 3 =$ ___ N $2 + 8 - 4 =$ ___ Ö $10 - 6 - 4 =$ ___ R

$5 + 5 - 8 =$ ___ C $7 - 7 + 7 =$ ___ I $9 - 6 + 0 =$ ___ H

Name: ______________________________

Wer wird Rechenkönig?

Datum													
1.													
2.													
3.													
4.													
5.													
6.													
7.													
8.													
9.													
10.													
Fehler													
Unterschrift													

Kopfrechenpass

von:

Kopfrechenpass

von:

____________________________ hat heute Kopfrechnen geübt (mindestens 25 Aufgaben).
Name

Datum	Unterschrift

Datum	Unterschrift

____________________________ hat heute Kopfrechnen geübt (mindestens 25 Aufgaben).
Name

Datum	Unterschrift

Datum	Unterschrift

ist ein echter

Ort, Datum

Unterschrift der Lehrkraft

ist ein echter

RECHENKÖNIG

Ort, Datum

Unterschrift der Lehrkraft

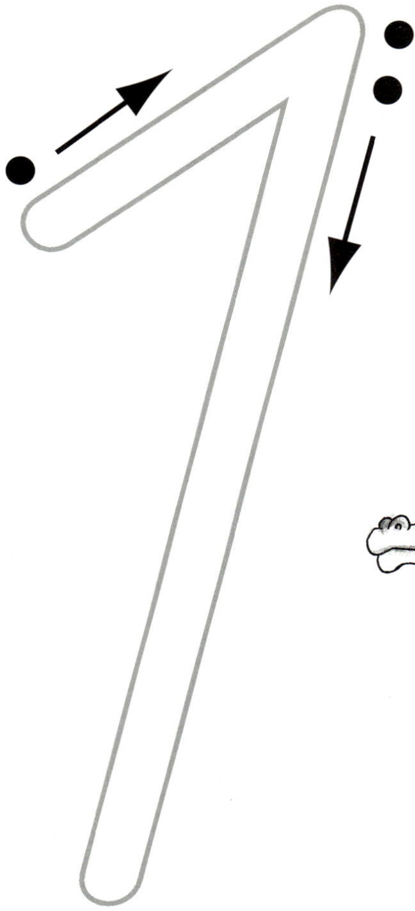

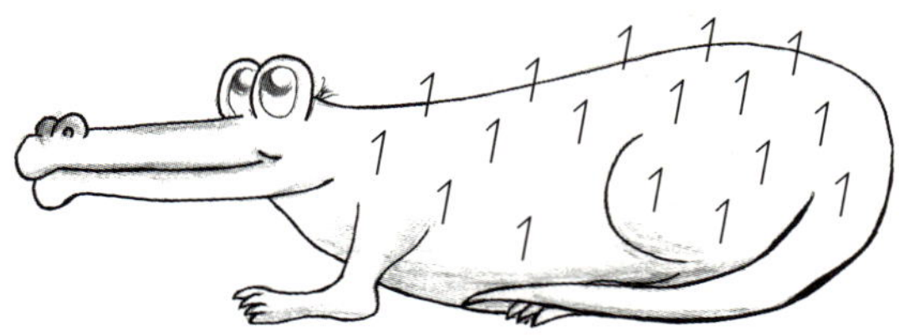

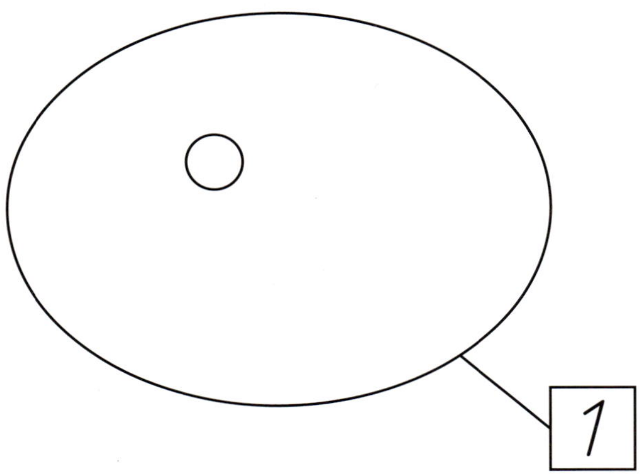
1

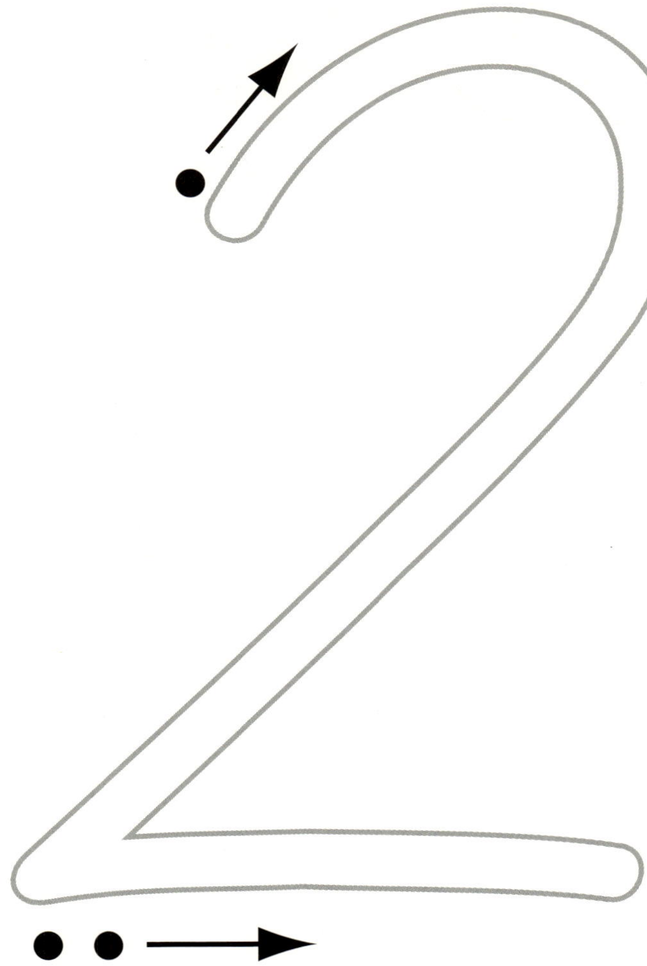

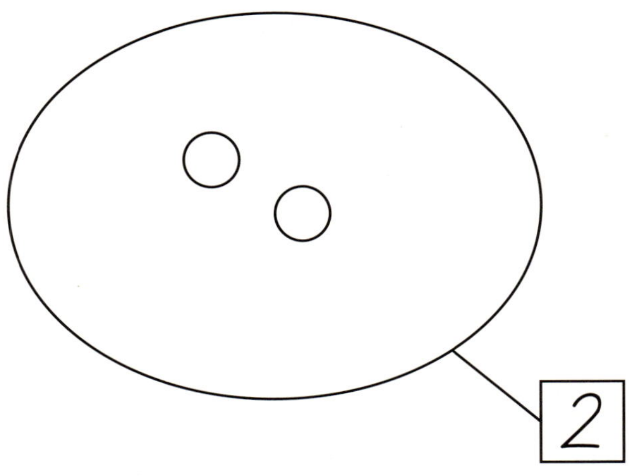
2

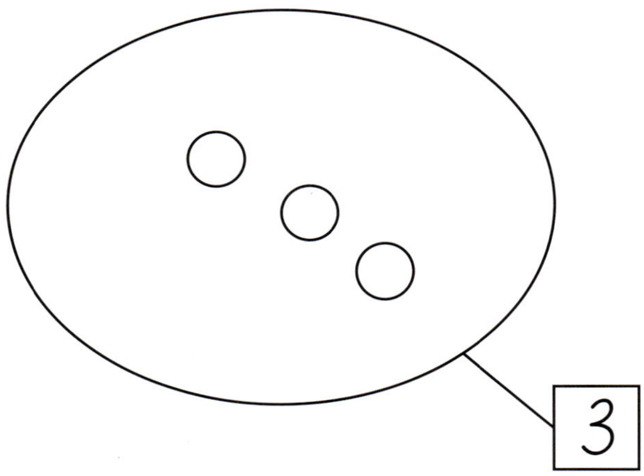
3

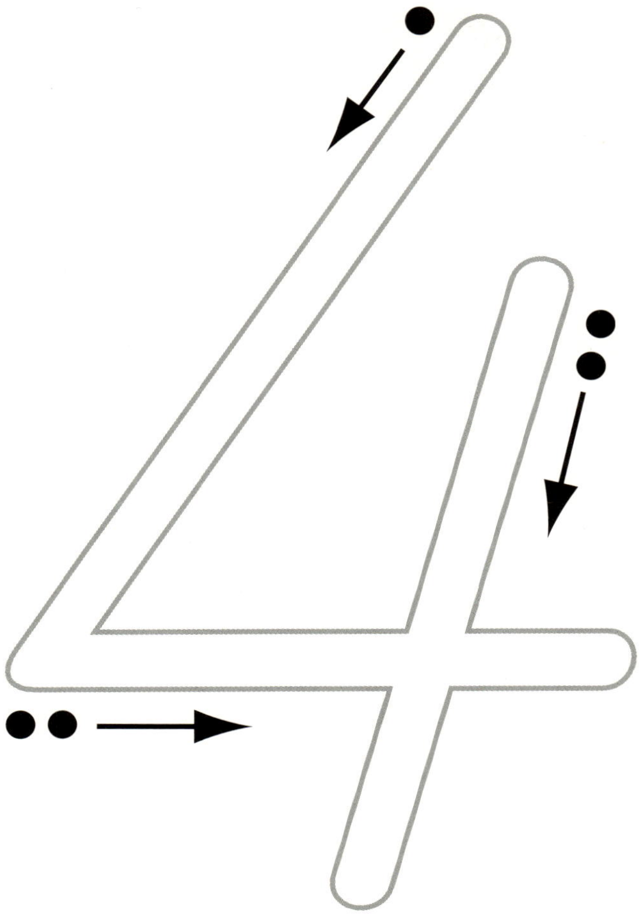

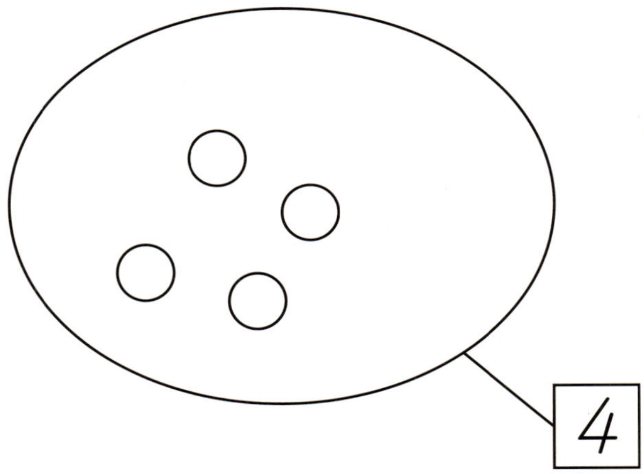
4

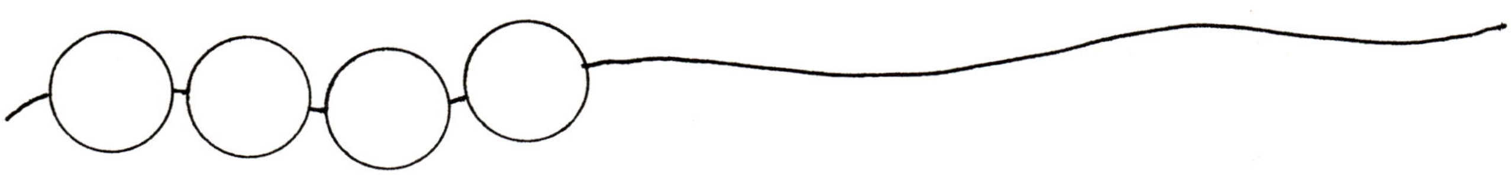

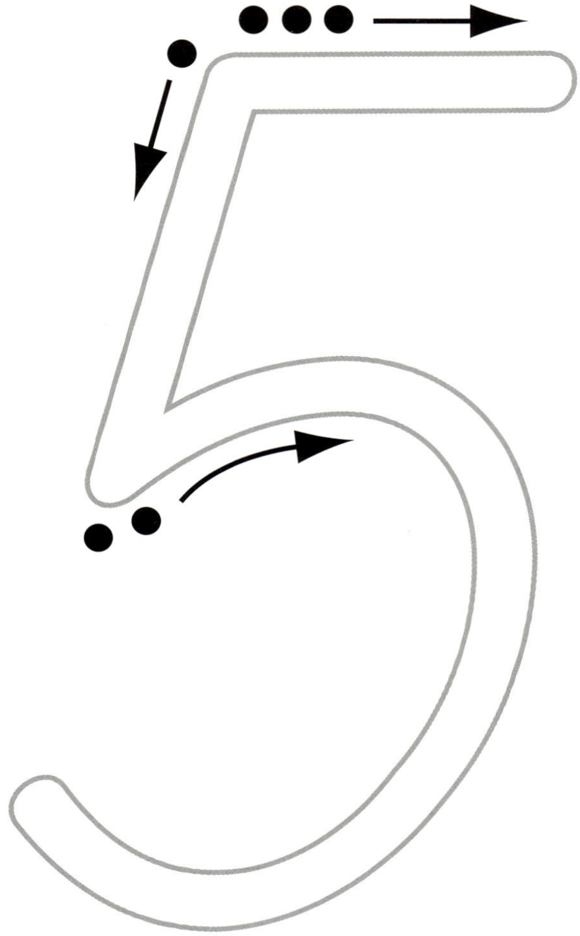

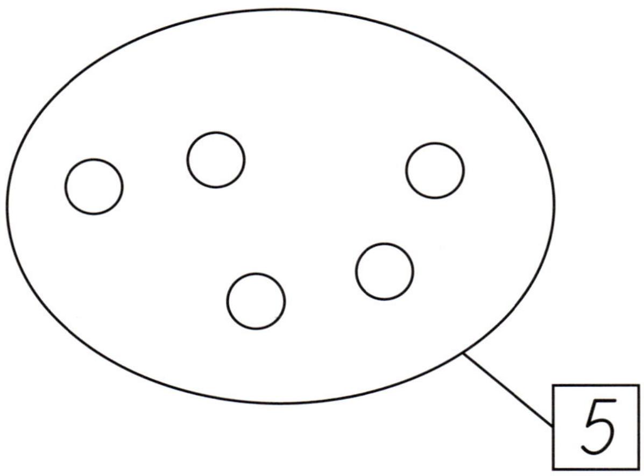
5

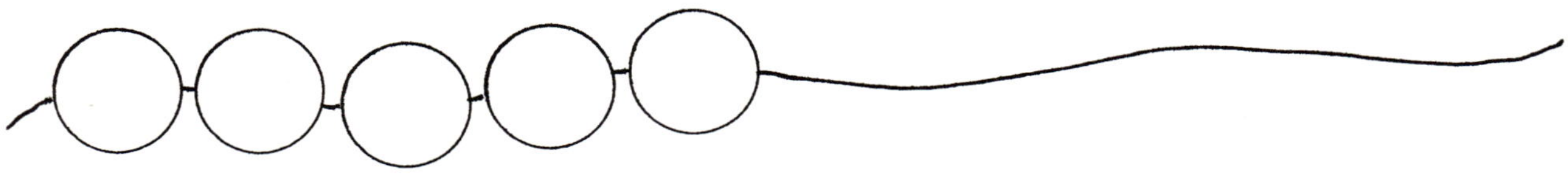

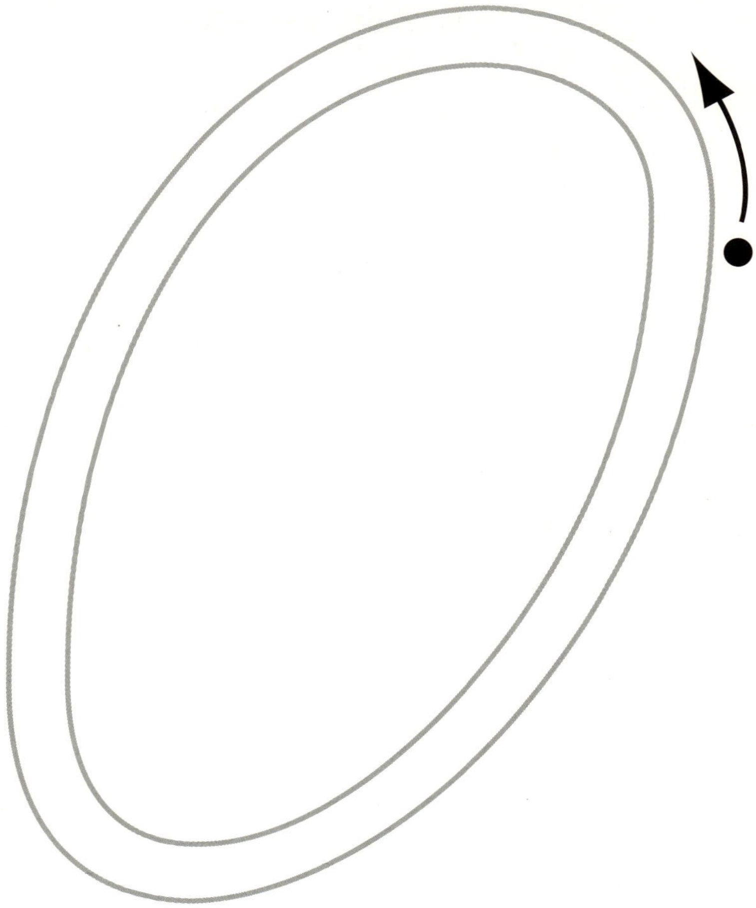

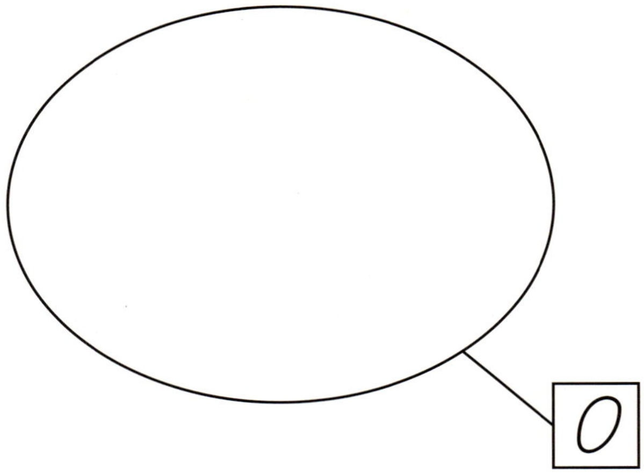
O

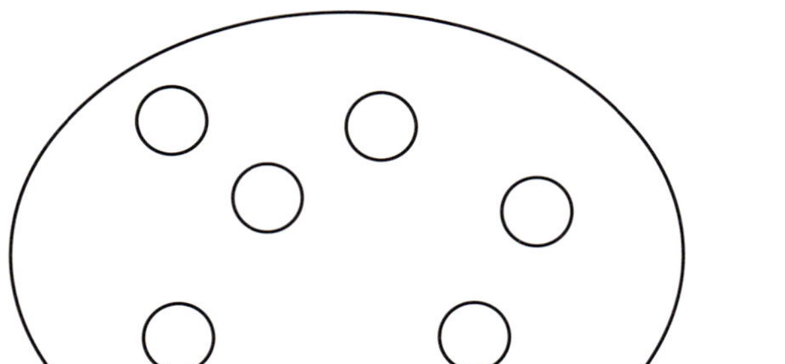
6

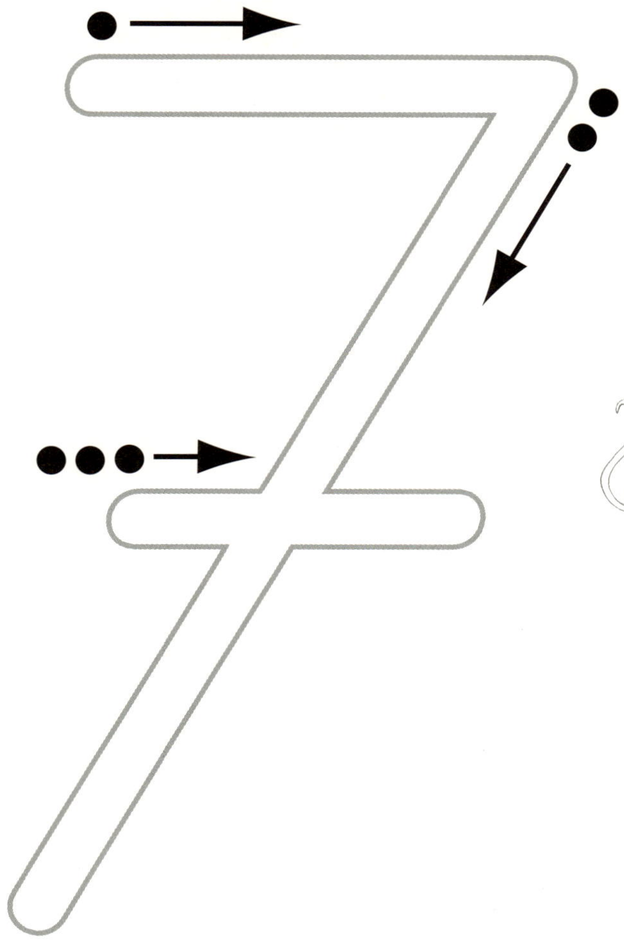

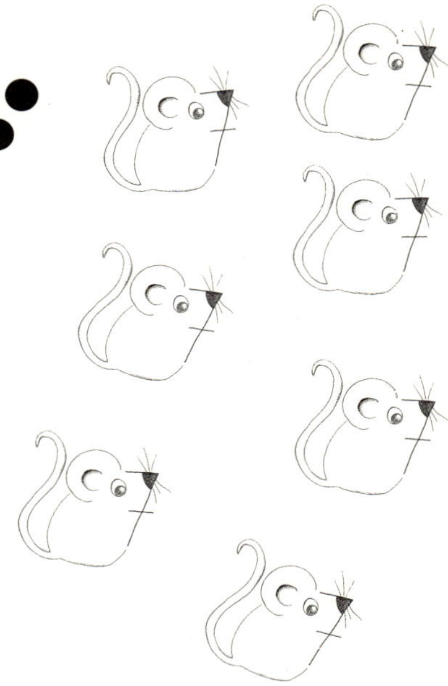

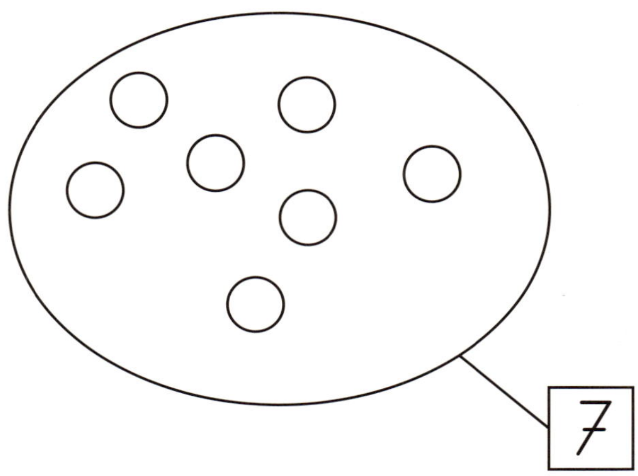
7

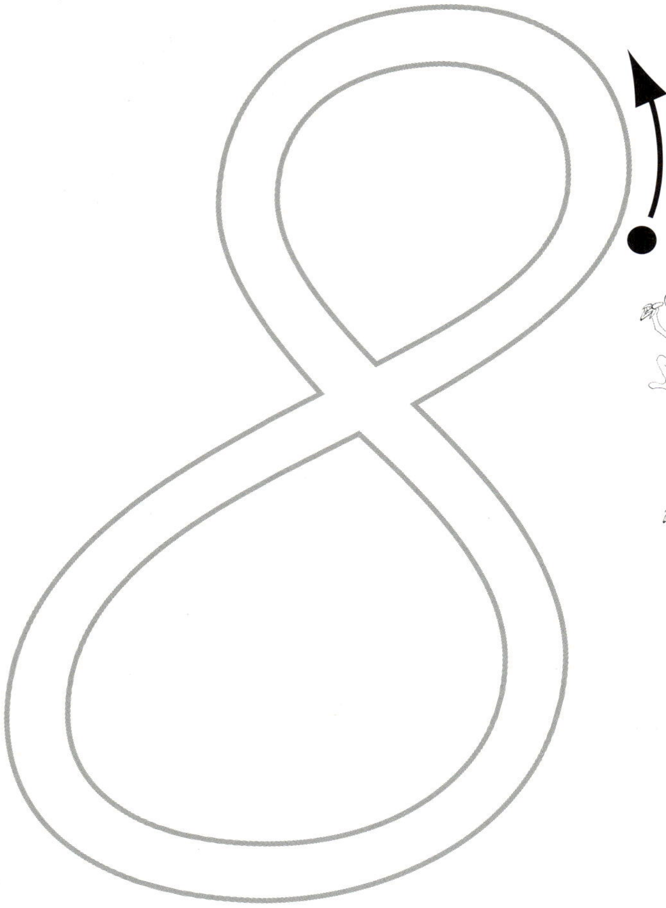

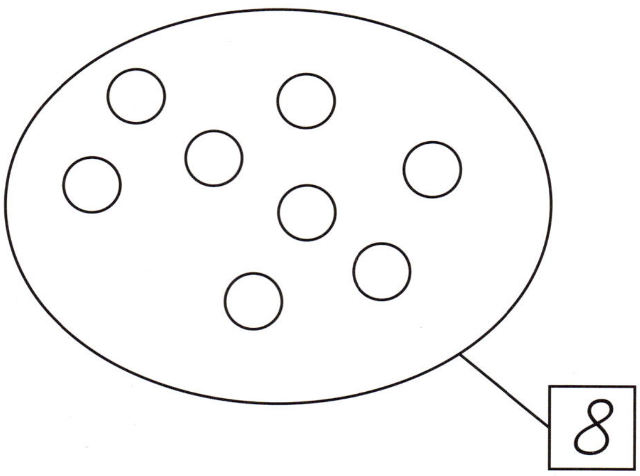
8

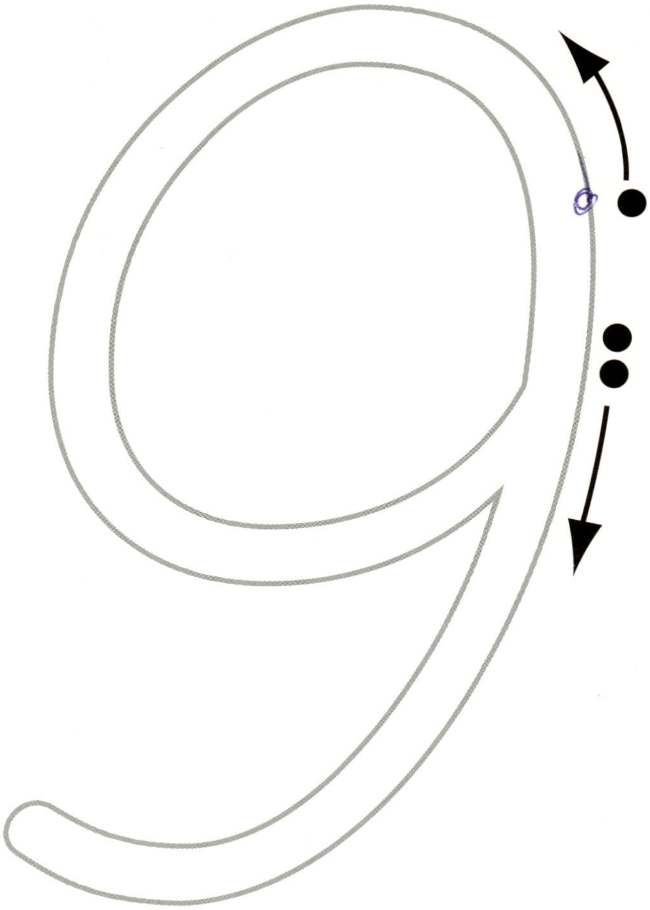

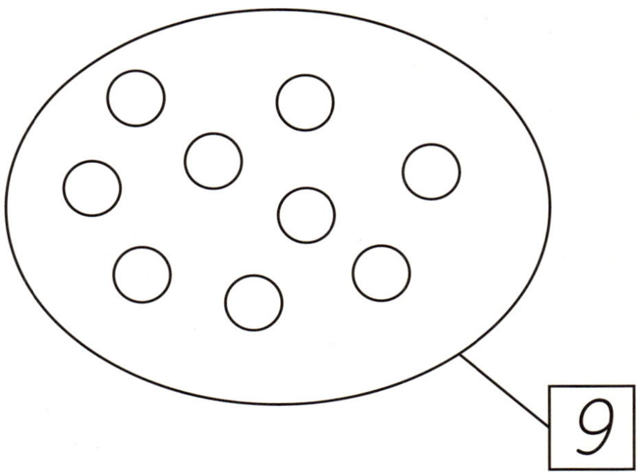
9

Auer 0906-5240

Praxisorientiert und topaktuell: Materialien von Auer!

Mathe üben mit Pfiff!

Sabine Kalwitzki
Köpfchen-Köpfchen
Materialien zum Euro
Klasse 2
Übungskärtchen und Euro-Spielgeld zum Heraustrennen
16 S., DIN A4, kart.
Best.-Nr. **3382**

Eine Praxismappe für den Mathematikunterricht in der Grundschule. Mit dem heraustrennbarem Euro-Spielgeld und den 60 Aufgabenkärtchen üben die Kinder den ersten Umgang mit Geld.

Wiltrud Zimmermann
Das 1 × 1 in Wochenplänen
Arbeitsblätter für das 2. Schuljahr
88 S., DIN A4, kart.
Best.-Nr. **3163**

Mit den Plänen dieses Buchs erarbeiten sich die Kinder völlig selbstständig in ihrem individuellen Tempo das Einmaleins. Sie kontrollieren ihre Leistung selbst. Jede 1 × 1-Einheit umfasst fünf bis acht Unterrichtsstunden. Mit zahlreichen Lernzielkontrollen.

Josef Schmid-Egger
Geometrische Figuren entwerfen und gestalten
80 S., DIN A4, kart.
Best.-Nr. **3440**

Kreativität und Mathematik schließen sich nicht aus – im Gegenteil! Dieser Band bietet insgesamt 150 geometrische Figuren für die Klassen 1 bis 4 in der Grundschule. Die Kinder rekonstruieren die Figuren und gestalten sie anschließend aus. Dabei entstehen fast immer ganz verschiedene, in vielen Fällen wunderschöne Ergebnisse. Geschult werden genaues, konzentriertes Arbeiten ebenso wie künstlerische Fähigkeiten. So macht der Mathematikunterricht Spaß!

Norbert Seeger/Rita Seeger
Rechen-Mandalas
Übungsaufgaben zum kleinen Einmaleins –
Mit Divisionsaufgaben Kopiervorlagen für das 2. Schuljahr
40 S., DIN A4, kart.
Best.-Nr. **3566**

Fördern Sie gleichzeitig die Konzentration, die feinmotorischen Fähigkeiten und nicht zuletzt die Rechenkompetenz Ihrer Schüler/-innen! Was ist neu an diesen Rechenmandalas? Bei jedem Mandala suchen die Kinder zuerst das Feld mit der ersten Aufgabe, rechnen sie aus und tragen die Lösungszahl ein. Anschließend malen sie das Feld entsprechend dem Farbenschlüssel aus. Auf diese Weise wandern die Kinder Feld für Feld vom Rand des Mandalas zur Mitte. Mit Hilfe der Lösungsblätter auf den Rückseiten der Aufgabenblätter kontrollieren sie sich selbst. Mit motivierenden Illustrationen!

Auer BESTELLCOUPON Auer

Ja, bitte senden Sie mir/uns

___Expl. Sabine Kalwitzki
Köpfchen-Köpfchen Best.-Nr. **3382**

___Expl. Wiltrud Zimmermann
Das 1 × 1 in Wochenplänen Best.-Nr. **3163**

___Expl. Josef Schmid-Egger
Geometrische Figuren entwerfen und gestalten Best.-Nr. **3440**

___Norbert Seeger/Rita Seeger
Rechen-Mandalas Best.-Nr. **3566**

mit Rechnung zu.

Rund um die Uhr bequem bestellen unter:
Telefon: 01 80 / 5 34 36 17
Fax: 09 06 / 7 31 78
E-Mail: info@auer-verlag.de

Bitte kopieren und einsenden an:

Auer Versandbuchhandlung
Postfach 11 52
86601 Donauwörth

Meine Anschrift lautet:

Name/Vorname

Straße

PLZ/Ort

Datum/Unterschrift

E-Mail